Grundlehren der Physik,

nach

ihrer jetzigen Ausdehnung, und in ihren besondern Beziehungen auf die Militairwissenschaften in leichtfaßlichem Vortrage zum Selbstunterricht und als Leitfaden für Militairschulen,

bearbeitet

von

C. Hoffmann,

Premier-Lieutenant in der Artillerie und Mitglied der Schlesischen Gesellschaft für vaterländische Kultur zu Breslau.

Erster Band.

Die quantitative Physik oder Grundlehren der festen, tropfbarflüssigen und gasförmigen Körper.

Mit 4 Steindrucktafeln.

Berlin.

Gedruckt und verlegt bei G. Reimer.

1834.

Vorwort zum ersten Bande.

Ueber den Zweck dieses Werkes ist nur wenig zu sagen, da ihn der Titel deutlich bezeichnet. Daß ein Buch der Art noch ganz fehlt, ist bekannt, und daß es sehr nöthig, wird jeder Militair, dem daran liegt in seinem Fache mit der Zeit fortzuschreiten, dringend genug fühlen, weshalb die Bearbeitung desselben gewiß nicht zu den nutzlosen Unternehmungen zu rechnen ist. Ueber die Art der Bearbeitung aber mögen einige Worte hier ihren Platz finden, und zwar möchte dies um so nöthiger sein, als eine Darstellungsweise, wie sie zu diesen Grundlehren gewählt worden, nicht zu den leichtesten Arbeiten gehört, und hier die Kritik leichter sein möchte, als die Bearbeitung selbst.

Den Lehren von den festen Körpern ist vorzugsweise die größte Aufmerksamkeit gewidmet worden, da sie namentlich in der Artillerie und Fortification von dem bedeutendsten Einfluß; und wenn ich dabei die Maschinenlehre ganz auf den Hebel basirt habe, so glaube ich dadurch nicht wenig Vereinfachung und Deutlichkeit in diesen Theil der Physik gebracht zu haben. Es hat sich diese Darstellungsweise in mehrjährigen mündlichen Vorträgen als nützlich bewährt, und ich hoffe, daß auch die geschriebenen ihre Zweckmäßigkeit bethätigen werden. Ich habe mich bemüht, wo es nur immer möglich war, alle Hauptlehren der Physik in ihrer Anwendung auf das Treiben und Wirken des Militairs allgemein, wie des Artilleristen und Ingenieurs insbesondere zu beziehen, und dies, wie den Umstand, daß im ganzen Buch auch nicht eine algebraische Formel vorkömmt, rechne ich in der That nicht zu den kleinsten Verdiensten des Werks, weil es mich bedünkt, daß eben darin seine Brauchbarkeit und die Neuheit seiner Bearbeitung besteht.

Ich habe die besten und neuesten physikalischen Abhandlungen benutzt, jedoch um Raum zu ersparen Citate nicht beigefügt, weshalb ich gewissermaßen Alles, was ich niedergeschrieben, allein vertreten muß, wozu ich auch gern bereit bin. Der kritische Leser wird bald auffinden, was in dem Werke aus andern physikalischen Lehrbüchern geschöpft, was mein eigen ist, und ich sehe getrost jeder Beurtheilung entgegen, die besonders in Bezug auf die Darstellungsweise vielleicht noch Mängel entdeckt, die mir entgangen, und ich werde sehr bereit sein, so bald ich mich von solchen überzeugt, bei jeder sich mir biethenden Gelegenheit sie nach Möglichkeit zu beseitigen, um dem Buche dadurch mehr Nutzbarkeit zu geben.

Spandau, im Monat November 1833.

Der Verfasser.

Inhalt des ersten Bandes.

Grundlehren der Physik.

I. Abschnitt der quantitativen Physik.

II. Abschnitt der quantitativen Physik.

III. Abschnitt der quantitativen Physik.

IV. Abschnitt der quantitativen Physik.

Grundlehren der Physik.

Die Naturlehre betrachtet und erläutert alle Körper des Naturreiches in ihren einzelnen und gegenseitigen Beziehungen auf einander ꝛc. Insofern diese Betrachtungen sich nur auf das Aeußere, Sinnliche, in die Augen Fallende beziehen, machen sie einen Gegenstand der Physik aus; fassen sie aber das Innere, Materielle, den Bildungs- wie Zerstörungsprozeß der Körper Bezeichnende in sich, so gehören sie zur Chemie; beide — Physik wie Chemie — sind Theile der Naturlehre, und bei dem jetzigen Stande der Wissenschaften ist es nicht mehr möglich, sie getrennt zu behandeln, ja sie nur getrennt sich zu denken.

Die meisten Thatsachen in der Physik, wie in der Chemie, sind weniger durch Speculation, als durch die Erfahrung festgestellt worden, und um die Erfahrungssätze als festbestimmt und allgemein geltend ansehen zu können, war es nöthig, ein und dieselbe Erscheinung vielseitig zu beobachten, um diejenigen Theile derselben herauszufinden, welche unter allen Umständen auf einerlei Art sich zeigten. Dies war nur durch Versuche und Experimente möglich, und noch heute, selbst bei weit fortgeschrittener Wissenschaft, kann beinahe jede neue Erscheinung in der Physik, wie in der Chemie, nur durch Versuche in allen ihren Theilen genau erkannt werden.

In der Artillerie ist es besonders nöthig, neue Einrichtungen, oder auch nur auffallende Erscheinungen bei schon bestehenden Einrichtungen durch Versuche ihrem ganzen Wesen nach zu ermitteln, um theils über ihre Brauchbarkeit, theils über ihre Einflüsse auf den Gebrauch der Waffe ein sicheres Urtheil fällen zu können; und da auf die zweckmäßige Leitung solcher Versuche alles ankömmt, so ist es wichtig, den Gang zu kennen, welchen man bei ihrer Ausführung wählen muß, damit sie mit Nutzen angestellt werden. Man muß zuvörderst bei jedem Versuche, ehe er anzustellen ist, genau überlegt haben, was man damit bezwecken will, und dann die Mittel nach den bestehenden Erfahrungen wählen, welche diesen Zweck erfüllen können; bei der Ausführung selbst ist auf alle Umstände, die Einfluß auf den Versuch haben können, sehr genau zu achten, denn es treten sehr oft durch Zufall kleine Aenderungen in den Umständen ein, welche zum Gelingen des Versuchs beitragen, und man erlangt dadurch Belehrung über die Ursachen, welche sein Mißlingen hervorbringen; zeigen sich Verschiedenheiten in den Resultaten, so sind besonders mit großer Genauigkeit die möglichen Abweichungen in den Umständen der verschiedenen Versuche zu ermitteln, und hier ist es, wo der Scharfsinn des Versuchenden in seinem vollen Glanze sich zeigen kann, indem er die Ungleichheit der Erfolge erklärt und die Mittel zur Abhülfe auffindet. Ein Beispiel wird lehren, wie die angegebenen Regeln anzuwenden sind: Nehmen wir an, es soll durch Versuche ein zweckmäßiges Brandgeschoß für das Geschütz ermittelt werden, so wird zuvörderst festzustellen sein: Welche Entfernungen will man mit diesen Geschossen erreichen, was für Ladungen will man anwenden und welche Anforderung macht man an ihre Brennfähigkeit? — Die ersten beiden Forderungen werden die Art des Materials der Umhüllung und die Stärke derselben, die letzte wird die Konstruktion des Geschosses und die Materialien des Brandsatzes bestimmen. Nachdem nun zur Erfüllung der genannten Forderungen die Materialien und Form für die Brandgeschosse, mit Benutzung der für diesen Fall schon bestehenden Erfahrungen gewählt worden, wird man mit den Versuchen selbst beginnen, und zwar zunächst mit der Anfertigung des Brandsatzes den Anfang machen und hier wieder neue Forderungen sich stellen, die vielleicht darin beständen: leichte und gefahrlose Anfertigung mit möglichst großem Zündvermögen zu verbinden. Die Versuche selbst müssen mit großer Genauigkeit und Beobachtung aller Umstände, die auf die Resultate Einfluß haben können, durchgeführt werden. Hat man den Zweck erreicht, so wird man zu den Schießversuchen übergehen und hier nun zunächst das fertige Geschoß als unabänderlich betrachten, alle andern Umstände aber nach dem Zweck einzurichten suchen. Ergeben sich dabei auffallend verschiedene Resultate bei verschiedenen Versuchen, so wird man genau untersuchen müssen, auf welche Weise sie erzeugt worden; diese Untersuchung wird sich darauf beziehen:

1. Ob das Geschütz bei allen Versuchen in ein und derselben Verfassung war, oder ob Verschiedenheiten statt gefunden.
2. Ob die Ladungen und Zündungen immer in gleichen Verhältnissen waren.
3. Ob bei der Bedienung Abweichungen vorgekommen.
4. Ob äußere Einflüsse, vielleicht athmosphärische ꝛc. die Abweichungen erzeugt haben können.

Wenn sich irgend etwas Abweichendes findet, scheinbar auch noch so unbedeutend, muß es genau erwogen und die Art des möglichen Einflusses aufgesucht und mit Umsicht beseitigt werden. Auf solche Weise sind die Versuche fortzusetzen und so lange mit Benutzung von wissenschaftlichen Gesetzen und praktischen Erfahrungen umzuändern, bis man durch eine Reihe sich gleich bleibender Resultate, die unter den mannigfaltigsten Verhältnissen, in die man überhaupt bei Anwendung dieses Geschosses kommen kann, erlangt worden, die Ueberzeugung gewonnen, daß sie den ursprünglich gemachten Forderungen genügen; erst dann ist der Versuch als beendet anzusehen und die Einführung des aufgefundenen Geschosses von Nutzen.

Alle Stoffe der Natur lassen sich, physisch betrachtet, allgemein in 2 Klassen theilen, nämlich:

1. solche, deren Vorhandensein durch die Sinne wahrgenommen werden kann; man nennt sie wahrnehmbare oder körperliche, und, weil das Gewicht namentlich ihr Dasein überall verräth, auch wägbare Stoffe.
2. solche Stoffe, deren Dasein nur durch ihre Wirkungen sich erkennen läßt, die sich meist nur als irgend eine Aeußerung zeigen, selbst aber den Sinnen nicht wahrnehmbar sind,

sich auch nicht durch das Gewicht erkennen lassen. Wir nennen sie unwahrnehmbare, unkörperliche, oder auch unwägbare Stoffe.

Nach dieser Klassifikation der Stoffe theilen wir auch die Physik allgemein in 2 Hauptabtheilungen und nennen sie:

Physik der wägbaren Stoffe oder quantitative Physik, und

Physik der unwägbaren Stoffe oder qualitative Physik.

Quantitative Physik oder Physik der wägbaren Stoffe.

Die Art und Weise, wie die Theile eines Körpers neben einander bestehen oder zusammen gehalten werden, worauf die Form des Körpers beruht, nennt man den Aggregatzustand oder die Aggregatform desselben; in dieser Richtung kann man alle Körper allgemein unter 3 Klassen bringen:

1. Feste Körper,
2. Flüssige Körper (tropfbarflüssige),
3. Luftförmige Körper (gasförmige, auch elastisch-flüssige).

Manche Körper können in allen 3 Aggregatformen vorkommen, ohne daß sie in ihren Bestandtheilen eine wahrnehmbare Aenderung erleiden; andere zeigen sich nur unter zwei Aggregatformen, und noch andere zeigen sich immer nur in einem Zustande. Die Kräfte, welche dergleichen Aenderungen in einem Körper hervorbringen, sind die Wärme und die chemische Mischung. Für Körper, welche alle drei Aggregatzustände annehmen, liefern uns Wasser, Quecksilber und Schwefel rc. Beispiele; die beiden ersten sind bei einem gewöhnlichen (mittleren) Wärmegrade flüssig, bei höheren Wärmegraden werden sie gasförmig und bei niederen Wärmegraden (Kälte) fest. Der Schwefel ist bei gewöhnlicher Temperatur fest; bei einer Erhitzung, welche die des kochenden Wassers um Etwas übersteigt, schmilzt er, und wird flüssig; erhöht man die Temperatur noch mehr, so steigt er in Dämpfen auf und wird gasförmig. Die schwer flüssigen Metalle können meist nur in zwei Aggregatformen dargestellt werden, in der festen und, bei sehr großer Hitze in der flüssigen. Die meisten Luftarten kann man nur in Gasform darstellen, obgleich auch hier Ausnahmen vorkommen.

Es giebt gewisse Eigenschaften, die allen Körpern angehören und die man deshalb auch die allgemeinen physischen Eigenschaften der Körper nennen kann. Diese sind folgende:

Jeder Körper, in welcher Aggregatform er sich auch befinde, nimmt einen Raum ein, hat eine Ausdehnung (Volumen), so daß dieser Raum durch keinen andern Körper ausgefüllt werden kann. Bei festen und flüssigen Körpern ist dies an für sich klar, aber auch bei luftförmigen läßt es sich durch einfache Versuche sehr leicht darthun.

Z. B. Taucht man Gläser mit der Oeffnung nach unten in Wasser, so wird die im Glase sich befindende Luft das Hineinsteigen des Wassers nicht zugeben, und man kann auf solche Art brennende Körper in einem Glase unter Wasser eine Zeit lang fortbrennend erhalten.

Jeder Körper ist theilbar, d. h. er kann durch irgend ein Mittel in viele, ja unendliche Theilchen gleicher Art zerlegt werden; diese Theilbarkeit ist allen Körpern, in welchem Aggregatzustande sie sich auch befinden, gemein und geht bei einigen bis ins Unglaubliche: wie z. B. im festen Aggregatzustande bei Gold. Man kann 1 Gran Gold (der 240. Theil eines Lothes) zu einem Plättchen von 50 Quadratzoll Fläche ausdehnen; ferner mit einer Unze Gold (2 Loth) einen feinen Silberdrath von 55 deutschen Meilen Länge ganz überziehen.

Unter den tropfbar flüssigen Körpern zeichnet sich Indigo-Auflösung durch große Theilbarkeit aus; mit einem Tropfen derselben kann man 500 Cub. Fuß Wasser noch sichtbar, seiner ganzen Masse nach, blau färben.

Bei den gasförmigen Körpern besitzen besonders riechende Stoffe eine große Theilbarkeit; z. B. Moschus, von dem eine ganz geringe Quantität große Gemächer auf längere Zeit, selbst wenn der Luftzutritt unverwehrt bleibt, mit Geruch erfüllt.

Jeder Körper besitzt die Fähigkeit, unter gewissen Einflüssen einen größern, oder kleinern Raum einzunehmen, als der seines ursprünglichen freien Zustandes beträgt. Man nennt diese Eigenschaft in ersterer Beziehung Ausdehnbarkeit (Expansibilität); in letzterer Preßbarkeit (Compressibilität).

Diese Eigenschaft wird meist durch die Wirkungen der Wärme herbeigeführt und zeigt sich besonders bei den Uebergängen eines und desselben Körpers in verschiedene Aggregatzustände; z. B. Wasser, durch Kälte zu Eis erstarrt, nimmt einen größern Raum ein, als vorher. Wasser, durch Hitze in Dämpfe aufgelös't, nimmt einen vielmal größern Raum ein 2c. Am Auffallendsten zeigt sich diese Eigenschaft bei der Verbrennung des Pulvers. Das aus dem Pulver durch die Verbrennung sich bildende kohlensaure Gas hatte vor derselben, in seinen Bestandtheilen (Kohle und Sauerstoff in Salpeter, beide im festen Zustande) nur sehr geringe Ausdehnung; sobald aber die Verbrennung vor sich gegangen, nimmt die Kohlensäure Gasform an und dehnt sich sogewaltig zu einem bedeutend größeren Volumen aus, daß sie die Geschosse 2c. mit der bekannten Geschwindigkeit gewaltsam fortschleudert, indem sie sich Raum macht und in dem Raum, den sie bedarf, keinen andern Körper duldet.

Die hier aufgezählten drei Eigenschaften sind allen Körpern gemein; außerdem besitzen noch die oben angegebenen drei Klassen, jede für sich, allgemeine Eigenschaften, welche aber nur allein der Gattung angehören und an ihrem Ort aufgeführt werden sollen.

Alle Körper der Natur befinden sich entweder in Ruhe, oder in Bewegung, d. h. sie beharren entweder an ihrem Ort, oder verändern ihre Stelle. Man kann sich alle Naturkörper beständig in einer gewissen Spannung denken, welche durch die Wirkung entgegengesetzter Kräfte erzeugt wird; sind die Wirkungen dieser Kräfte einander gleich, so ist das Resultat ihrer Wirkung Ruhe; sind sie ungleich, so entsteht Bewegung. — Der Raum, welchen ein bewegter Gegenstand zurücklegt, heißt sein Weg, unb dieser Weg, welchen man begreiflich durch eine Linie darstellen kann, heißt, nach der Art dieser Linie, geradlinicht, oder krummlinicht. Wenn die Bewegung ohne Unterbrechung fortgeht, heißt sie stätig, wenn sie dagegen aus einem Wechsel von Ruhe und Bewegung (die Zeittheile, in denen dies geschieht, mögen auch noch so klein sein) zusammengesetzt ist, wird sie absetzend oder springend genannt. So hat z. B. ein frei fallender Körper eine stetige Bewegung, während die Stange einer Wagenwinde eine absetzende Bewegung hat, weil im letzteren Fall durch die Zähne des Getriebes die Stange in die Höhe geschoben wird und zwischen dem jedesmaligen Angriffe eines neuen Zahns immer eine kurze Ruhe eintreten muß.

Wenn die Bewegung eines Körpers der Art ist, daß er in gleichen Zeiten auch gleiche Räume (oder gleich lange Wege) zurücklegt, so nennt man die Bewegung eine gleichförmige; im Gegensatz steht die ungleichförmige, wo die in gleichen Zeiten zurückgelegten Räume ungleich sind. Nimmt bei einer ungleichförmigen Bewegung der Weg in jedem folgenden Zeittheil an Länge zu, so entsteht eine beschleunigte oder zunehmende, nimmt er aber ab, eine abnehmende oder verzögernde Bewegung. Es ist leicht begreiflich, wie beide letztgenannten Arten wieder gleichförmig und ungleichförmig sein können. Eine gleichförmige, absetzende Bewegung hat z. B. der Zeiger einer Uhr; eine ungleichförmige Bewegung zeigt sich bei dem freien Fall der Körper, und zwar, weil die zurückgelegten Räume in jedem folgenden Zeittheile wachsen, eine beschleunigte, und da dieses Wachsen, wie später erklärt werden soll, nach einem gewissen Gesetz gleichförmig geschieht, eine gleichförmig beschleunigte Bewegung. Ein Beispiel für die beschleunigte Bewegung liefert uns auch die Rakete bei ihrem Fluge; sie wird nämlich durch die Gewalt des durch das Verbrennen des Satzes erzeugten und aus dem Brandloch strömenden Gases fortgetrieben, und da nun mit dem Fortbrennen des Satzes im Innern der Rakete die brennende Fläche immer größer wird, mithin auch die Masse des entwickelten Gases bis zu einem gewissen Punkte beständig zunimmt, so wird auch die Bewegung immer schneller. Diese Zunahme dauert fast bis zu dem Zeitpunkte, wo die Rakete den höchsten Gipfel ihrer Bahn erreicht hat; im niedersteigenden Ast wird die Bewegung durch die Fallkraft abermals eine beschleunigte, und darin liegt eben der Unterschied zwischen der Bahn der Rakete und der eines andern Geschosses, daß bei ersterer im auf- und absteigenden Ast eine beschleunigte Bewegung statt findet, während bei letzterem dies nur im absteigenden Ast der Fall ist.

Die innere Größe der Bewegung nennt man ihre Geschwindigkeit. Sie wird bei gleichförmigen Bewegungen gemessen, indem man den Weg, welchen der Körper in einen bestimmten Zeittheil, z. B. in einer Secunde, zurücklegt, als Maaß annimmt. Bei ungleichförmigen Bewegungen nimmt man den Weg als Maaß an, welchen der Körper in einem bestimmten Zeittheil, z. B. einer Secunde, in jedem Augenblick seiner Bewegung zurücklegen würde; es ist begreiflich, wie hierbei für jeden Zeittheil der Bewegung ein anderes Maaß eintreten muß, weshalb auch hier nur von einer anfänglichen Geschwindigkeit die Rede sein kann. — Als Beispiel kann die Bewegung einer abgeschossenen Kugel, welche aus Gründen, die später erläutert werden sollen, eine ungleichförmige Bewegung hat, dienen; ihre anfängliche Geschwindigkeit bezeichnet den Raum, welchen sie mit der Geschwindigkeit, mit welcher sie das Rohr verläßt, in einer Secunde zurücklegen würde. —

Nach dem bisher Gesagten wird einleuchtend sein, daß man, wie den Weg, so auch die Richtung und Geschwindigkeit jeder Bewegung durch Linien vorstellen kann. Bei gleichförmigen Bewegungen läßt sich sehr leicht einsehen, daß man den Weg eines Körpers finden kann, wenn seine Geschwindigkeit und die Zeit seiner Bewegung bekannt sind; denn da er in gleichen Zeiten immer gleiche Räume zurücklegt, so muß sein Weg ein Produkt aus Geschwindigkeit und Zeit sein. Nehmen wir an, ein Truppentheil legt in einer Minute 100 Schritt zurück, so ist leicht begreiflich, daß, wenn er $\frac{1}{4}$ Stunde oder 15 Minuten mit derselben Geschwindigkeit marschirt, sein zurückgelegter Weg 15 mal 100 Schritt oder 1500 Schritt betragen muß; ebenso wird einleuchten, daß wenn wir den ganzen Weg, welchen derselbe Truppentheil in 15 Minuten bei immer gleichförmigem Marsch zurückgelegt, kennen, wir seine Geschwindigkeit in einer Minute erhalten, wenn wir durch 15 den ganzen Weg theilen, hier also 1500 getheilt durch 15, giebt 100 Schritt. Endlich wird auch seine Marschzeit aufgefunden, wenn die Geschwindigkeit und der Weg bekannt sind, weil man mit ersterer die letztere nur zu theilen braucht; im obigen Beispiele würde für diesen Fall die Frage auf folgende Art gestellt werden: ein Truppentheil, welcher alle Minuten 100 Schritt zurücklegt, hat einen Weg von 1500 Schritt gemacht, wie lange ist er marschirt? Die Antwort heißt, 1500 getheilt durch 100 giebt 15 Minuten.

Aus allem Diesem ist ersichtlich, wie bei der gleichförmigen Bewegung, wenn von den drei diese Bewegung bestimmenden Größen — Geschwindigkeit, Zeit und Weg — zwei bekannt sind, die dritte immer gefunden werden kann.

Denkt man sich einen Körper mit einer gewissen Geschwindigkeit in einer Linie A. B. (Fig. 1.) fortbewegt, nimmt aber zugleich an, daß die Linie A. B., während der Bewegung des Körpers in ihr, sich selbst in der Fläche A. B. C. D. nach irgend einer Richtung fortbewege, so erhält der Körper eine doppelte Bewegung, von welcher man die erste in der Linie A. B. seine absolute, die zweite, welche er durch die Bewegung der Linie A. B. erhält, seine relative Bewegung nennen kann. Man wird jedoch leicht einsehen, daß der Körper diese doppelte Bewegung nur scheinbar hat, und daß er in der That nur eine Bewegung ausführt, welche aus der absoluten und relativen Bewegung zusammengesetzt sein muß, und einen eigenen Weg zurücklegt, der weder der Richtung A. B., noch der Richtung, welche die Linie A. B. bei ihrer Bewegung in der Fläche einschlägt, folgt. — Diesen Weg, dem ein Körper bei einer zusammengesetzten Bewegung folgen muß, kann man durch folgende Betrachtungen finden:

Wenn einem Körper in einer und derselben Richtungslinie zwei Bewegungen beigelegt werden, so daß die eine Bewegung der Körper selbst, die andere aber die Linie, in der er sich bewegt, ausführt, dann können nachstehende Fälle eintreten:

1. Die Geschwindigkeit Beider (des Körpers wie der Linie) ist gleich, aber entgegengesetzt; in diesem Falle wird die Bewegung ganz aufhören und Ruhe eintreten, da eine Geschwindigkeit die andere ganz aufhebt.

2. Die Geschwindigkeit Beider ist ungleich, aber entgegengesetzt; dann bewegt sich der Körper nach der Richtung der größern Geschwindigkeit, und die Geschwindigkeit seiner Bewegung ist der Differenz der beiden Geschwindigkeiten gleich, weil ja wegen der ungleichen Größe der Geschwindigkeiten eine die andere nur zum Theil aufheben kann und von der größern immer ein Ueberschuß bleiben muß.

3. Sind die Geschwindigkeiten gleich, oder ungleich und die Bewegung nach einerlei Richtung, so ist die Geschwindigkeit, mit welcher sich der Körper bewegt, der Summe beider Geschwindigkeiten gleich.

Wenn aber ein Körper in A. Fig. I. mit einer gewissen Geschwindigkeit in der Richtung A. B., mit einer andern Geschwindigkeit aber gleichzeitig in der Richtung A. C. gleichförmig fortbewegt werden soll, so wird er wirklich die Diagonale A. D. des Parallelograms A. B. C. D. zurücklegen. —

Denken wir uns, daß der Körper, wenn er in der Richtung A. B. fortgetrieben wird, in gleichen Zeiten die Punkte G. H. und B. erreicht, die Linie A. B. aber gleichzeitig in der Richtung A. C. bewegt, und zwar so, daß, wenn der Körper in G. die Linie in F., so wird der Körper einen Punkt E erreicht haben, welchen man bestimmt, wenn mun G. E. mit A. F. und F. E. mit A. G. parallel zieht, und die Diagonale A. C. des Parallelograms A. F. E. G. bezeichnet seinen Weg; ganz gleiche Betrachtungen lassen sich für die Punkte I. und D. anstellen, wodurch der obige Satz erläutert ist. Es ist einleuchtend, daß es gleich bleibt, ob man sagt, der Körper habe die Bewegungen A. B. und A. C., oder er habe nur die einzige Bewegung A. D., und daß deshalb die Bewegung A. D. für die beiden A. B. und A. C. gesetzt werden kann. Durch diesen Satz ist man im Stande, immer je zwei Bewegungen in eine zusammenzusetzen, und umgekehrt jede einfache Bewegung in zwei zu zerlegen. Aber eben so klar ist es, daß diese Zusammensetzungen sowohl, als die Zerlegungen in Bezug auf ihre Anzahl gar keine Gränzen kennen, daß man sie bis ins Unendliche wiederholen kann. Angenommen, ein Körper A. Fig. II. solle durch die drei Geschwindigkeiten A. B., A. C. und A. D. bewegt werden, man will diese Geschwindigkeiten durch eine ausdrücken, und dadurch den Weg bezeichnen, den er in der That zurücklegen wird; um dies zu erreichen, formire man aus den beiden Geschwindigkeiten A. C. und A. D. das Parallelogram A. C. E. D., und es wird die Diagonale A. E. seine Bewegung durch diese beiden Geschwindigkeiten anzeigen; bildet man nun aus E. A. und B. A. das Parallelogram A. B. F. E. und zieht die Diagonale A. F., so deutet diese die Bewegung von E. A. und B. A., mithin auch die von D. A., C. A. und B. A. an.

Das Zerlegen einer Bewegung in mehrere kann auf gleiche Weise folgendermaaßen geschehen:

Die Bewegung A. B. des Körpers A. Fig. III. soll in zwei Bewegungen zerlegt werden, wovon A. C. die eine andeutet; man formire das Parallelogramm A. C. B. D., so werden A. C. und A. D. die beiden Bewegungen vorstellen, welche mit B. A. übereinstimmend sind.

Daß die angegebenen Fälle auch geltend sind, wenn die einzelnen Bewegungen nicht in einerlei Ebene liegen, wird bei aufmerksamer Betrachtung des Gesagten von selbst deutlich sein und bedarf deshalb wohl keiner weitern Auseinandersetzung. Man nennt das Parallelogramm, mittelst welches die Zerlegung und Zusammensetzung der Bewegungen geschieht, das Parallelogramm der Kräfte.

Jede Bewegung eines Körpers, ja jede Veränderung in der Geschwindigkeit und Richtung desselben während der Bewegung muß eine Ursache haben, und diese Ursache nennen wir allgemein Kraft. Die zur Bewegung eines Körpers wirkenden Kräfte können in Bezug auf die Richtung der Bewegung auf zweierlei Art an dem Körper wirken, entweder an derselben Seite des Körpers, wohin die Bewegung gehen soll — dann nennt man die wirkende Kraft einen Zug, oder auf der der Richtung der Bewegung entgegengesetzten Seite — wo die Kraft Druck oder Stoß genannt wird. In letzterem Falle ist zwischen Druck und Stoß noch ein Unterschied zu machen; Druck heißt nämlich die Kraft, wenn sie anhaltend, während der Bewegung selbst noch fortwirkt, und in sofern ist sie mit Zug ganz gleichbedeutend und gleichwirkend; Stoß nennt man die Kraft, wenn ihre Wirkung nur augenblicklich ist. Bei dem Hebezeuge alter Art üben die Taue des Flaschenzuges, wenn sie an dem Geschützrohr mittelst der S. Hacken des untern Klobens befestigt sind, einen Zug aus; die No. 3 und 4 üben beim Vorbringen der Geschütze auf die Räder einen Druck aus. Die Stempel beim Rammen oder Schlagen der Raketen, Zünder, Schlagröhren rc. erleiden einen Stoß.

Man muß sich den Körper an und für sich als unthätige Masse, welche erst Leben oder Bewegung erhält, wenn irgend eine Kraft auf sie einwirkt, deren Spiel sie dann willenlos bleibt, denken und aus diesem Gesichtspunkt physikalisch die Bewegung der Körper betrachten, dann wird folgendes erste Grundgesetz der Bewegung leicht verständlich sein:

I. Der ruhende Körper bleibt in Ruhe, der bewegte in der gradlinichten und gleichförmigen Bewegung so lange, bis eine andere Kraft seinen Zustand verändert;

d. h. ein in Bewegung gesetzter Körper würde nie in Ruhe kommen, wenn nicht eine Kraft seiner Bewegung entgegen wirkte und sie aufhöbe. Wir werden später Gelegenheit haben, dieses Grundgesetz mannigfach zu erörtern; hier sei nur als Beispiel dafür Folgendes angeführt: Wenn man in einem Fahrzeug — z. B. einem Boot — schnell nach einer Richtung fortfährt, und dasselbe plötzlich durch ein Hinderniß angehalten wird — etwa auf das Ufer stößt — so wird man, wenn man nicht vorbereitet ist, nach der Richtung zu fallen, in welcher sich das Fahrzeug bewegte; eine rückwirkende Kraft kann diese Erscheinung nicht hervorbringen, weil man sonst begreiflich nach entgegengesetzter Richtung fallen müßte, es ist dies vielmehr die letzte Aeußerung der Bewegung, welche der Körper mit dem Fahrzeug zugleich nach einerlei Richtung hat, und die nur gewaltsam durch das entgegentretende Hinderniß aufgehoben wird. Aus demselben Grunde rollen Geschütze, oder andere Fahrzeuge, besonders wenn man etwas rasch gefahren, so wie Halt gemacht wird, immer noch etwas vor, und es kostet den Stangenreitern selbst auf ganz ebenem Boden Mühe, sie zu halten. So wird das Pendel, dessen natürliche Lage, die, in loth rechter Richtung ist, wenn man es nach einer Seite hebt und dann fallen läßt, nach entgegengesetzter Richtung fast eben so hoch schwingen, weil es die erhaltene Bewegung selbst über seine natürliche Lage hinaus fortsetzt u. s. w. — Man nennt diese Neigung der Körper, in dem jedesmaligen Zustande zu verbleiben, das Beharrungsvermögen, wohl auch, aber unschicklicher, die Trägheit.

Die bestimmte Menge der Materie oder des Stoffes, aus dem ein Körper besteht, nennt man seine Masse. Bei Körpern einerlei Art verhält sich die Masse derselben wie ihre Ausdehnung oder ihre Volumen d. h. von zwei Stücken Eisen, eins zu 2 Kubikzoll, das andere zu 4 Kubikzoll, wird das letztere doppelt so viel Masse haben, als das erste. Nun ist die Schwere der Körper eine Kraft, welche von ihnen unzertrennlich ist, und die einfachste Wirkung der Schwere ist der Druck, welchen die Körper gegen eine Unterlage äußern. Diese Schwere der Körper dient uns als Maaß für die Masse derselben, indem man sie durch ein allgemein bekanntes Instrument, die Waage, mißt, oder vielmehr die Wirkung des Druckes bestimmt. Diese meßbare Wirkung der Schwere oder des Druckes nennt man das Gewicht der Körper, und es ist einleuchtend, wie das Gewicht ein allgemeines Maaß für die Masse der Körper, sie mögen gleichartig, oder ungleichartig sein, abgiebt. Nach der gegebenen Erläuterung wird klar sein, daß man für Masse des Körpers auch sein Gewicht setzen kann.

Denken wir uns einen Körper bewegt, so muß jeder Theil des Körpers die Bewegung desselben mitmachen, oder, was gleich bedeutend, die ganze Masse des Körpers führt die Bewegung aus; es ist aber klar, daß bei zwei Körpern, die verschiedene Masse haben und beide mit gleicher Geschwindigkeit bewegt werden, die Größe der Bewegung oder — was gleich bedeutend — die Wirkung derselben verschieden sein muß. Gesetzt, ein Körper von 1 Pfd. Schwere bewege sich neben einem Körper von 4 Pfd. Schwere, beide mit gleicher Geschwindigkeit, so kann man sich bei dem zweiten Körper das Verhältniß der Wirkung seiner Bewegung gegen die des ersten Körpers auf ganz einfache Weise so vorstellen, als bewegten sich vier Körper, jeder von 1 Pfd. Schwere, mit derselben Geschwindigkeit; es wird also die Größe der Bewegung des zweiten Körpers die des ersten um 4 mal übertreffen, d. h. bei gleichen Geschwindigkeiten verhält sich die Größe der Bewegung wie die Masse der bewegten Körper. — Aus diesem Satz folgt aber auch das Umgekehrte: daß sich bei gleichen Massen die Größe der Bewegung wie die Geschwindigkeit verhält, d. h. ein Körper von 2 Pfd. wird dieselbe

Wirkung bei der Bewegung äußern, welche ein Körper von 1 Pfd. Schwere, mit noch einmal so großer Geschwindigkeit bewegt, ausübt.

Dieser Satz ist für die Anwendung der Lehren der Mechanik von außerordentlicher Wichtigkeit, indem wir durch ihn belehrt werden, wie man, um mit ein und denselben Kräften größere Erfolge zu erzielen, die Geschwindigkeiten, in denen diese Kräfte wirken, vermehren muß, und umgekehrt bei gleichen Geschwindigkeiten nur durch Vermehrung der Kräfte größere Wirkungen hervorbringen kann; es ist dies ein Satz, der durch die ganze Naturlehre seine große Wichtigkeit behält und deshalb ganz besondere Aufmerksamkeit verdient.

Wenn wir die oben ausgesprochenen Grundgesetze für die Größe der Bewegung von Körpern zusammenfassen, so ergiebt sich sehr einfach daraus ein zweites, für alle Fälle geltendes Grundgesetz der Bewegung, nämlich:

II. Die Größe der Bewegung verhält sich allgemein wie das Produkt aus Masse und Geschwindigkeit.

Wenn man also die Größe einer bewegenden Kraft — oder eigentlich ihre Wirkung — messen will, so muß man das Produkt aus der Masse und der Geschwindigkeit des bewegten Körpers formiren, und hieraus wird nun klar, wie man die bewegende Kraft durch Linien oder Zahlen ausdrücken kann.

Wenn ein Körper a (Fig. IV.) gegen einen andern Körper b bewegt wird, so wird b dem a so viel Widerstand entgegensetzen, als er selbst an Kraft gebraucht, um aus seiner Ruhe in der Richtung b c fortgetrieben zu werden; ist die Größe der Bewegung von a größer, als dieser Widerstand, so werden nach dem Zusammentreffen beide Körper in der Richtung b c fortgehen, und zwar mit einer Geschwindigkeit, welche den Unterschied zwischen der Größe der Bewegung von a vor dem Zusammentreffen mit b und dem Widerstande von b gleich ist. Wäre die Größe der Bewegung von a dem Widerstande von b gleich, so wird nach dem Zusammentreffen der Körper, Ruhe eintreten. Es ist leicht zu begreifen, wie sich die Umstände gestalten müssen, wenn beide Körper in Bewegung sind und auf einander treffen; denn gesetzt, a und b bewegte sich gegen einander mit gleicher Größe der Bewegung, so ist klar, daß auch hier Ruhe eintreten wird; ist hingegen die Größe der Bewegung verschieden, so wird der Körper, bei welchem der Ueberschuß statt findet, mit diesem Ueberschuß den andern in der Richtung, in welcher er selbst sich bewegt, forttreiben u. s. w. Aus all' diesen Betrachtungen läßt sich ein neues Grundgesetz für die Bewegung ableiten, es heißt:

III. Wenn zwei Körper bewegend auf einander wirken, so ist die Einwirkung gegenseitig; Wirkung und Gegenwirkung sind gleich, aber entgegengesetzt.

Auf den hier abgehandelten drei Grundgesetzen der Bewegung beruht die Physik der wägbaren Stoffe. Sie sind schon von Newton aufgestellt, und haben sich als sicheres Fundament bisher für das Gebäude der physikalischen Lehrsätze immer bewährt. — Welche Form man dem Aufbau auch gab, welche Zierathe und Schnörkel man auch anbrachte; immer zeigte sich der Grundbau gut und sicher.

Unter allen Naturkräften ist in Bezug auf ihren Ursprung keine räthselhafter, in Bezug auf die Gesetze ihrer Wirkung aber keine genauer bestimmt, als die Schwerkraft oder Schwere.

Die einfachste Wirkung derselben, die sich unmittelbar durch das Gefühl offenbart, ist der Druck, den jeder Körper auf seine Unterlage ausübt. Das durch die Waage bestimmt Maaß dieses Drucks nennt man bekanntlich das Gewicht des Körpers, und dieses Gewicht eines Körpers ist durchaus unveränderlich, welche Form der Körper auch annehme, ja in welchen Aggregatzustand er auch versetzt werde, wenn nicht wägbare Masse dazu oder davon kommt. Aus Diesem folgt, daß die Schwere in allen Punkten der Masse gleichförmig und unveränderlich wirksam ist, weshalb auch ohne allen Zweifel das Gewicht eines Körpers mit seiner Masse in gleichem Verhältniß stehen muß.

Bei gleichartigen Körpern steht das Gewicht auch in gleichem Verhältniß mit dem Volumen. Ungleichartige Körper hingegen haben bei gleichem Volumen fast durchgängig, oft sehr auffallend verschiedenes Gewicht. Auf diese Verschiedenheit des Gewichtes bei gleichem Volumen beruht die

Dichtigkeit der Körper; je schwerer nämlich ein Körper bei gleichem Volumen ist, desto mehr Masse besitzt er, oder desto dichter ist er; diese Dichtigkeit der Körper pflegt man meist in Zahlen auszudrücken, und nennt sie dann das specifische, oder eigenthümliche Gewicht, auch die Eigenschwere der Körper. Es ist von großem Nutzen bei Körpern, an welche besondere Anforderungen in Bezug auf Festigkeit, Dichtigkeit rc. gemacht werden, das specifische Gewicht zu bestimmen; so z. B. würde es große Vortheile und mehr Sicherheit bei der Abnahme von Eisen-Munition, besonders der Hohlgeschosse, gewähren, wenn man ihr specifisches Gewicht untersuchte, denn es läßt sich zuerst die Frage, ob das Eisen gut ist, dadurch beantworten, indem man das specifische Gewicht der Granate mit dem specifischen Gewicht des Probeeisens vergleicht; dann aber erhalten wir von der Gleichförmigkeit des Gusses und der gleichförmigen Dichtigkeit der Geschosse die beste Ueberzeugung, wenn das specifische Gewicht bei allen möglichst genau übereinstimmt. Eine Vorrichtung zur leichten Bestimmung dieser Untersuchung würde sich bald auffinden lassen; wir werden später noch einmal darauf zurückkommen.

Die Richtung, in welcher die Schwere wirkt, ist fest bestimmt; sie ist auf allen Theilen der Erde, nach dem Mittelpunkt des Erdkörpers gewendet und wird genau angegeben durch ein an einem Faden hängendes Loth; in kleinen Entfernungen, selbst von 100 und mehr Fuß, kann man die Richtungen der Faden von Bleilothen, wegen der verhältnißmäßig sehr großen Ausdehnung der Erdoberfläche, als unter sich gleichlaufend annehmen, ohne merkbare Irrthümer zu begehen; bei sehr großen, z. B. meilenweiten Entfernungen aber ist auf das Neigen der Bleilothe an ihrem untern Ende gegen einander schon Rücksicht zu nehmen. Wird ein schwerer Körper seiner Unterstützung beraubt, so fällt er, d. h. er bewegt sich in der Richtung der Schwere so lange, bis ein Widerstand seine Bewegung aufhebt; diese Bewegung des Fallens ist eine beschleunigte, wie sich durch Versuche darthun läßt; ein Beweis also, daß die Schwere als Kraft während des Fallens beständig fortwirkt. Ob nun gleich die Körper in der Luft, je nach dem Grade ihrer verschiedenen Dichtigkeit, mit verschiedener Geschwindigkeit fallen, so ist deshalb nicht anzunehmen, daß die Schwere verschieden wirke; vielmehr läßt sich durch Versuche darthun, daß im luftleeren Raume alle Körper, wie sehr sie auch an Dichtigkeit verschieden — z. B. ein kleines Kork-Kügelchen und eine Goldkugel — gleich schnell fallen. Dadurch beweist sich, daß die Schwere allen Körpern völlig gleiche Geschwindigkeit mittheilt, und daß alle in der Wirklichkeit sich zeigenden Verschiedenheiten nur allein von dem Widerstande der Luft herrühren. Ein Körper, der ungehindert im luftleeren Raume fällt, legt in der ersten Sekunde einen Weg von $15\frac{5}{8}$ preußischen Fußen, oder $187\frac{1}{2}$ Zollen zurück. — An nicht gar zu weit von einander entfernt liegenden Orten kann man die Schwere als eine unveränderliche Größe betrachten; bei weiten Entfernungen aber, besonders in der Richtung von Norden nach Süden, und umgekehrt, verändert sich die Schwere, doch beträgt der Unterschied nur $\frac{1}{2}$ pro Cent. oder $\frac{1}{200}$ des Gewichts. Eben so hat man gefunden, daß auf den höchsten Bergen die Kraft der Schwere sich verringert. Es lassen sich diese Erscheinungen nur dadurch erklären, daß man die Schwere als eine Kraft der Anziehung betrachtet, vermöge welcher alle Körper unserer Erde nach dem Mittelpunkt der Erde hingezogen werden, und zwar um so stärker, je näher sie demselben kommen. Diese Anziehungskraft aber gilt von der Erde nur für die der Erde angehörenden Körper; sie ist außerdem durch das ganze Weltall thätig, und nur ihr haben die Weltkörper das Erhalten in ihren Bahnen zu verdanken, indem diese Weltkörper abermals einen gemeinsamen Mittelpunkt der Schwere besitzen. Allgemein findet diese Anziehung zwischen allen Körpern statt, so daß man z. B. in der Nähe von großen Gebirgen selbst beobachtet hat, daß freihängende Lothe sich nach den Gebirgsmassen hinneigten. Newton, welcher diese Ansichten aufstellte, nannte diese allgemeine Anziehung die allgemeine Gravitation.

Zu den wichtigsten Bestimmungen der Naturlehre gehören die Gewichtsbestimmungen; um sie jedoch klar und deutlich aufzufassen, ist es nöthig, mit den Maaßen bekannt zu sein, welche für die Bestimmung des Gewichts gebräuchlich sind. In den preußischen Staaten hat man das Loth zur Einheit angenommen und nach diesem alle andere Gewichte bestimmt. Man legte dabei die Schwere von reinem, destillirten Wasser zu Grunde und theilte das Gewicht eines Kubikfußes Wassers — bei einem bestimmten Wärmegrade, — 15° R. — in 2112 gleiche Theile oder Lothe, wornach also ein Kubikzoll destillirtes Wasser genau $1\frac{2}{9}$ Loth wiegen muß. Diese Eintheilung ward gemacht, um das preußische Gewicht mit dem, besonders im Handel sehr allgemein verbreiteten kölnischen Gold- und Silbergewicht in Uebereinstimmung zu bringen. — Bei dem gewöhnlichen, in den meisten Geschäften gangbarsten Gewicht enthält das Pfund 32 Loth (der Kubikfuß Wasser wiegt also 66 Pfund) und der Centner 110 Pfund; das Loth wird noch in 4 Quentchen getheilt. Eine Ausnahme macht das Medicinal- oder Apotheker-Gewicht; das Loth bleibt hier dasselbe, 2 Loth aber machen eine Unze aus; 12 Unzen bilden ein Medicinal-Pfund, welches also um 8 Loth leichter, als das Handels-Pfund; oder $\frac{3}{4}$ Pfd. Handelsgewicht sind mit 1 Pfd. Medicinal-Gewicht gleichbedeutend. Die Unze wird in 8 Drachmen, die Drachme in 3 Scrupel und der Scrupel in 20 Gran getheilt. Bei sehr genauen Abwägungen, wohin besonders wissenschaftliche bei chemischen Versuchen gehören, theilt man das Loth zehntheilig, bis zu 10000 Theilen, die man Richtpfennige nennt.

Man kann die Schwere eines Stoffes auf zweierlei Weise genau bestimmen, nämlich:

1. Indem man das Gewicht von einem genau bestimmten Volumen desselben feststellt. Weiß man z. B., daß 1 Kubik-Zoll Wasser $1\frac{2}{9}$ Loth wiegt, so wird sich sehr einfach das Gewicht von 2, 3, 4 u. s. w. Cubic-Zoll Wasser bestimmen lassen.

Diese Art der Gewichtsbestimmung hat jedoch die große Unbequemlichkeit, daß sie von dem üblichen Gewicht und Maaß abhängig ist und durchaus nicht allgemein gilt.

Man ist deshalb genöthigt, so wie man andere Gewichtsarten benutzen muß, immer aufs neue wieder zu wägen, was für die Ausübung viele Unbequemlichkeiten hat; deshalb ward eine andere Art Gewichtsbestimmung, besonders zu wissenschaftlichen Arbeiten, eingeführt, welche die erwähnten Unbequemlichkeiten nicht hat, sondern allgemein für alle Arten von Gewichte gilt. Sie ist folgende:

2. Man nimmt die Schwere eines Körpers — meist der des destillirten Wassers — als Einheit an und drückt nun das Gewicht aller andern Körper in Bezug auf diese Einheit der Art aus, daß man angiebt, um wie viel ein gleiches Volumen derselben schwerer, oder leichter, als die angenommene Einheit ist. Das, solcher Art ausgedrückte, Gewicht der Körper ist nun begreiflich dasselbe, was wir vorhin das specifische Gewicht nannten, da es durchaus die Verschiedenheit der Dichtigkeit in Zahlen angiebt. Heißt es z. B., Zinn hat ein specifisches Gewicht von 7,264, so will dies so viel sagen, daß Zinn 7,264 mal schwerer, als ein gleiches Volumen destillirtes Wasser sei.

Diese Art der Gewichtsbestimmung ist durchaus unabhängig von der an jedem Ort gebräuchlichen Gewichtsgattung und Eintheilung, da man immer nur das Gewicht des destillirten Wassers zu kennen braucht, um daraus sogleich das Gewicht aller andern Körper, wenn ihr specifisches Gewicht bekannt ist, für jedes Volumen zu finden.

Um das Gewicht von 1 Kubik-Zoll einer Materie zu finden, läßt man sich bei festen Körpern ein Stück von ganz regelmäßiger Gestalt, z. B. einen Würfel, verfertigen, dessen Inhalt man berechnet; nun wägt man den Körper genau und dividirt dann das Gewicht durch den Inhalt, so hat man das Gewicht eines Cubik-Zolles.

Bei tropfbar flüssigen Stoffen muß man ein Gefäß von bestimmtem Inhalt und bestimmtem Gewicht haben. Man gießt dann dieses Gefäß voll mit der zu bestimmenden Flüssigkeit und wägt dieselbe dadurch, daß man das Gewicht des Gefäßes von dem erhaltenen Totalgewicht abzieht; der Rest wird durch den Inhalt des Gefäßes dividirt, um das Gewicht eines Kubik-Zolles der Flüssigkeit zu erhalten.

Es ist dies Verfahren mit vielen Schwierigkeiten verknüpft, weil es außerordentlich schwer, bei festen Körpern geometrisch genaue regelmässige Gestalten hervorzubringen und eben so für die Flüssigkeiten Gefässe zu erhalten, deren Inhalt geometrisch genau anzugeben ist.

Das specifische Gewicht der festen und tropfbarflüssigen Körper zu finden, bedarf man einer genauen Waage, genauer Gewichte und einiger kleiner Gläser mit gut eingeschliffenen Glasstöpseln.

Soll die Eigenschwere eines flüssigen Stoffes gefunden werden, so tarirt man das leere, völlig trockene Glas mit dem zugehörigen Stöpsel, d. h. man bringt es auf die eine Schaale der Waage und beschwert die andere durch feines Bleischrot ꝛc. so lange, bis Gleichgewicht entsteht; nun untersucht man, wie viel an Gewicht das genau gefüllte Glas an destillirtem Wasser faßt, hierauf wie viel von der zu bestimmenden Flüssigkeit in das Glas geht; das letzt gefundene Gewicht durch das zuerst gefundene des destillirten Wassers getheilt giebt das specifische Gewicht der zu untersuchenden Flüssigkeit. Daß hierbei sehr genau verfahren werden muß, ist begreiflich; besonders hat man darauf zu sehen, daß das Glas genau voll ist, wenn der Stöpsel darauf kommt, daß es beim Tariren ganz trocken und daß die Flüssigkeiten sehr rein hineinkommen; es ist gut, erst die zu bestimmende Flüssigkeit zu wägen, weil man dann das Glas nur mehrmals mit destillirtem Wasser auszuspülen braucht, ohne es erst sorgfältig auszutrocknen, indem ja wieder Wasser hinein kommt, wodurch die zurückbleibenden Tropfen nichts schaden, was bei jeder andern Flüssigkeit, wie leicht einzusehen, zu falschen Resultaten führen würde.

Will man das specifische Gewicht fester Körper bestimmen, so müssen sie zuvörderst so gekleint werden, daß sie in das Glas gehen; wobei es nicht darauf ankömmt, wenn der feste Körper selbst zu Staub zermalmt ist. Man tarirt zuerst das mit destillirtem Wasser gefüllte und mit dem zugehörigen Stöpsel verschlossene Gefäß, legt hierauf die Stücke des zu bestimmenden Körpers neben das Glas auf die Waagschale und bringt die Waage durch aufgelegte Gewichte ins Gleichgewicht, — so hat man das Gewicht des festen Körpers bestimmt; hierauf bringt man diesen Körper in das Glas, so daß ein Theil des Wassers durch ihn verdrängt wird, was natürlich nicht auf der Waagschale geschehen darf, weil sonst das hinausgedrängte Wasser auf die Schale laufen würde; — endlich verschließt man das Glas mit dem zugehörigen Stöpsel, wobei man streng darauf hält, daß sich weder im Glase Luftbläschen zeigen, noch außerhalb Tropfen an demselben hängen. Das Gefäß ist jetzt um so viel leichter geworden, als Wasser hinausgekommen; man bringt deshalb das Gefäß auf die Waage, und legt nun auf dieselbe Schale so viel Gewichte, bis Gleichgewicht entsteht; dies neu aufgelegte Gewicht zeigt an, wie viel Wasser der hineingelegte Körper aus dem Glase verdrängt hat, oder wie schwer eine Menge Wasser ist, welche mit dem Körper gleiches Volumen hat; theilt man nun durch das Gewicht des verdrängten Wassers das Gewicht des Körpers, so erhält man das specifische Gewicht des letztern.

Vorbeschriebenes Verfahren ist bei den meisten festen und flüssigen Körpern zur Bestimmung ihres specifischen Gewichtes anwendbar, doch giebt es einige Ausnahmen, die eine in etwas veränderte Methode erfordern; diese sind:

a. Größere Körper, die man nicht zerkleinen kann, oder nicht zerkleinen will; die Art, wie man dabei verfährt, wird in der Lehre von den tropfbarflüssigen Körpern näher aus einander gesetzt werden.

b. Sehr poröse Körper, z. B. Sandstein, Kreide, Bimstein, Schwamm ꝛc. — Bei solchen Körpern kommt es zunächst darauf an, zu bestimmen, ob man das specifische Gewicht derselben, ohne auf die Zwischenräume zu rücksichtigen, oder ob man das specifische Gewicht ihrer Masse selbst wissen will. In beiden Fällen wägt man den Körper erst trocken, hierauf läßt man ihn so viel Wasser einsaugen, als er aufnehmen kann, und wägt ihn nun abermals; jetzt bringt man ihn in diesem getränkten Zustande in destillirt Wasser und ermittelt die Masse Wasser, welche er verdrängt. Soll nun sein specifisches Gewicht ohne Berücksichtigung seiner Porosität gefunden werden, so theilt man das zuerst (im trocknen Zustande) gefundene Gewicht durch das bei der dritten Wägung gefundene Gewicht des verdrängten Wassers, und die Aufgabe ist gelöst; will man dagegen die Eigenschwere der dichten Masse haben, so dividirt man das bei der ersten Wägung gefundene Gewicht durch die Differenz zwischen dem des bei der zweiten Wägung bestimmten eingesogenen Wassers und dem des bei der dritten Wägung gefundenen verdrängten Wassers. — Gesetzt, das Gewicht des Körpers im trocknen Zustande sei 14 Loth, das Gewicht nach dem Einsaugen des Wassers 15 Loth, wo also das Gewicht des eingesaugten Wassers 1 Loth beträgt; 3 Loth betrage das Gewicht des verdrängten Wassers, so ist für den ersten Fall das specifische Gewicht 14 getheilt durch 3, also $4\frac{2}{3}$ oder 4,666, im zweiten Fall aber 14 getheilt durch 3 weniger 1, oder 14 getheilt durch 2, was 7 beträgt.

c. Salze, die in Wasser löslich sind. Man nimmt, anstatt Wassers, eine Flüssigkeit, in welcher das Salz nicht löslich ist (solche Flüssigkeiten lehrt uns die Chemie kennen) und verfährt bei Bestimmung des specifischen Gewichtes des Salzes ganz so, als hätte man Wasser; hierauf bestimmt man auch das specifische Gewicht der angewendeten Flüssigkeit auf die bekannte Art und berechnet nun das wahre specifische Gewicht des Salzes aus den gefundenen Daten, indem man das Produkt von dem Gewicht des Körpers in der Luft mit der in dem Glase erhaltenen Flüssigkeit (bei der zweiten Wägung) durch das Produkt aus der (bei der ersten Wägung) aus dem Glase verdrängten Flüssigkeit mit dem Gewicht des Wassers, welches das Glas faßt, dividirt; d. h. wenn das Salz, trocken gewogen, 5 Loth wiegt, von der angewandten Flüssigkeit aber 2 Loth verdrängt, das Glas gefüllt 6 Loth von der Flüssigkeit, 3 Loth vom Wasser faßt, so ist das specifische Gewicht des Salzes bestimmt, wenn man 5 mal 6 oder 30 durch 3 mal 2 oder 6 theilt, also in dem gewählten Beispiel 5.

Bei den specifischen Gewichtsbestimmungen ist noch zu bemerken, daß man bei der chemischen Mischung verschiedener Stoffe durchaus nicht berechtigt ist, aus den specifischen Gewichten der einzelnen Stoffe das specifische Gewicht des zusammengesetzten neu entstandenen Stoffes zu berechnen; in den meisten Fällen ist dieses Gewicht ein ganz anderes, als es der Berechnung nach sein sollte. Dies findet unter Anderm auch bei einigen einfachen Metalllegirungen statt.

Eben so kommt es sehr auf den Wärmegrad an, unter welchem die Versuche gemacht werden, weil alle Körper bei steigender Wärme eine Ausdehnung ihres Volumens erleiden und dadurch ihr specifisches Gewicht vermindert wird. Wo es deshalb auf äußerste Genauigkeit ankommt, muß man dergleichen Versuche immer bei einerlei Temperatur vornehmen, wozu man am beßten 15 Grad nach dem Reaumürschen Thermometer wählt, weil diese Temperatur Sommer und Winter leicht erzeugt, und bei ihr auch die allgemein angenommene Bestimmung des Gewichts von destillirtem Wasser ausgeführt ist. Sobald nicht die äußerste Genauigkeit nöthig, ist auf einen Unterschied von einigen Graden in der Temperatur nicht zu achten.

Das specifische Gewicht der Stoffe dient unter Anderm auch dazu, den cubischen Inhalt von Gefäßen, welche Form sie auch haben, mit einer Genauigkeit zu bestimmen, die durch keine Messung zu erreichen; man darf nämlich nur das destillirte Wasser wägen, welches in das Gefäß geht, und das gefundene Gewicht durch $1\frac{2}{9}$ (das Gewicht eines Kubikzolles Wassers in Lothen) dividiren, so erhält man den Inhalt des Gefäßes in preußischen Kubikzollen.

Eben so läßt sich das Volumen eines jeden Körpers von der unregelmäßigsten Gestalt finden, wenn nur sein specifisches Gewicht bekannt ist; denn multiplicirt man sein specifisches Gewicht mit $1\frac{2}{9}$, so hat man das Gewicht eines Kubikzolles des Körpers, und dividirt man damit sein wirkliches Gewicht, so erhält man seinen kubischen Inhalt in Kubikzollen. Den kubischen Inhalt von Hohlgeschossen, selbst vom Geschütz, wird man immer am besten auf die hier angeführte Methode bestimmen, wobei jedoch für die Feststellung des specifischen Gewichts die später angegebene Wägung mittelst der hydrostatischen Waage angewendet werden muß. Die Bestimmung des Kubikinhaltes der Höhlung von Granaten rc. wird sehr leicht gefunden, wenn man zuerst die leere Granate genau wägt — das Gewicht betrage z. B. $12\frac{1}{2}$ Pfd., — hierauf die Höhlung mit destillirtem Wasser genau voll füllt — und die Granate abermals wägt, das Gewicht betrage nun $12\frac{3}{4}$ Pfd; zieht man jetzt das erste Gewicht von dem zuletzt gefundenen ab, so erhält man $\frac{1}{4}$ Pfd. oder 8 Loth für das Gewicht des destillirten Wassers, welches die Höhlung der Granate ausfüllt. Da aber der Kubikzoll destillirtes Wasser $1\frac{2}{9}$ Loth wiegt, so erhält man den Kubikinhalt von 8 Loth, wenn man $1\frac{2}{9}$ Loth 8 mal nimmt, was $9\frac{7}{9}$ Kubik-Zoll für den Inhalt der inneren Höhlung der Granate ergiebt.

Nachstehende Tabelle enthält die Angaben des specifischen Gewichtes einiger der bekanntesten Stoffe im festen und flüssigen Aggregatzustande.

Feste Körper.

Metalle.

Platin	20,722
Gold	19,258
Quecksilber	13,568
Blei	11,352
Silber	10,784
Wismuth	9,070
Kupfer	8,895
Geschützmetall oder Bronze	8,467 bis 8,946
Messing	8,395
Schmiedeeisen	7,800
Stahl	7,767
Zinn	7,264
Gußeisen	7,207
Zink	6,862

Erde und Steinarten.

Kreide	2,25	bis 2,32
Schwerspath	4,3	— 4,4
Töpferthon	1,8	— 2,0
Bergkrystall	2,653	
Feuerstein	2,58	— 2,67
Flußspath	2,44	— 2,60
Bimstein	0,914	
Sandstein	2,11	— 2,56
Gewöhnliches grünes Glas	2,5	— 2,6
Weißes Glas	2,4	— 2,5
Flint-Glas	3,329	
Basalt	2,864	
Cararischer Marmor	2,716	

Quarz	2,647	bis	2,654
Alabaster	2,610	—	2,810
Serpentin	2,560		
Granit	2,538	—	2,960
Feldspath	2,437	—	2,600

Salze.

Salpeter	1,900		
Kochsalz	1,918		
Steinsalz	2,143		
Salmiak	1,420		
Alaun	1,714		
Borax	1,720		
Vitriol	1,715	bis	1,880
Zucker	1,606		

Brennbare Körper, Harze und Fette.

Diamant	3,521	bis	3,654
Steinkohle	1,270	—	1,500
Holzkohle	0,280	—	0,442
Bernstein	1,065		
Schwefel	1,800		
Wachs	0,95	—	0,96
Phosphor	1,714	—	1,910
Weißes Pech	1,072		
Schwarzes Pech	1,150		
Copal	1,045		
Kampfer	0,988		
Arabisches Gummi	1,452		
Gummi elasticum	0,933		
Gummi gutti	1,221		
Gummi lack	1,139		
Indigo	0,769		
Gummi Tragant	1,316		
Talg	0,943	—	0,955

Holzarten.

Indianisches Cederholz	1,315
Guayak oder Franzosenholz (Lignum sanctum)	1,333

Ebenholz	1,209	
Rothes Sandelholz	1,128	
Wintereiche vom Stamme frisch . .	1,100	
Mahagoniholz	1,063	
Weißes Sandelholz	1,041	
Brasilienholz	1,031	
Fernambukholz	1,014	
Buchsbaum	0,919	bis 1,328
Campescheholz	0,913	
Gelbes Sandelholz	0,809	
Eichenholz von der Wurzel frisch . .	0,880	
Eichenholz vom Stamme frisch . .	0,850	
Erlen- oder Elsenholz vom Stamme frisch	0,788	— 0,800
Apfelbaum	0,793	
Eichenholz von den Zweigen frisch .	0,780	
Pflaumbaum	0,785	
Sommereiche vom Kern trocken . .	0,720	— 0,795
Ahorn	0,755	
Eschen	0,734	
Wintereiche vom Stamme trocken .	0,724	— 0,760
Akazie	0,650	— 0,702
Weißbuche oder Hornbaum . . .	0,755	— 0,805
Rothbuchen vom Stamme trocken . .	0,666	— 0,852
Rothbuchen Splint trocken . . .	0,600	— 0,805
Kiefern vom Kern harzig, frisch . .	0,725	
Birkenholz vom Stamme frisch . .	0,702	
Kiefern, Kern und Splint frisch . .	0,640	
Sommereiche, Kern und Splint trocken	0,618	— 0,795
Birnbaum	0,661	
Ulmen oder Rüster	0,600	— 0,742
Lindenholz	0,604	
Haselholz	0,600	
Sommereiche, Splint trocken . .	0,610	
Erlenholz vom Stamme trocken . .	0,586	— 0,660
Kiefernholz, Kern und Splint trocken . .	0,400	— 0,625
Weidenholz	0,585	
Birkenholz trocken	0,580	
Erlenholz vom Splint trocken . .	0,485	— 0,574

Wacholderholz	0,556
Fichtenholz frisch	0,546
Fichtenholz trocken	0,370 — 0,498
Tannenholz frisch	0,444 — 0,453
Tannenholz trocken	0,424
Pappelholz	0,383
Korkholz	0,240

Tropfbar flüssige Körper.

Wasser	1,000
Eis	0,916
Concentrirte Schwefelsäure . . .	2,125
Concentrirte Salpetersäure . . .	1,580
Concentrirte Salzsäure	1,194
Destillirter Essig	1,009
Absoluter Alcohol	0,792
Schwefel-Aether	0,716 bis 0,745
Baumöl	0,913
Leinöl	0,932
Terpentinöl	0,792
Schwefelnaphtha	0,716
Bergnaphtha	0,708

I. Abschnitt der quantitativen Physik.

Die Lehre von den festen Körpern.

Die festen Körper zeichnen sich vor allen andern durch die Kraft aus, mit welcher ihre einzelnen Theile an einander haften, so daß sie ohne Gewalt nicht getrennt, noch ihre Theile unter einander verschoben werden können. Man nennt diese Zusammenhangskraft der festen Körper, wie bereits bemerkt, die Cohäsions-Kraft, und auf ihr beruht die selbstständige Gestalt fester Körper. Diese Cohäsions-Kraft zeigt nach der materiellen Beschaffenheit der Körper große Verschiedenheiten; bei einigen, wie z. B. den meisten Metallen, ist sie von außerordentlicher Stärke, bei andern, wie z. B. Wachs, Kreide, Holz ꝛc., ist sie gering; sie ist bei ein und demselben Körper Veränderungen unterworfen; besonders übt solche Veränderung der Wechsel der Temperatur aus, und es findet allgemein statt, daß Wärme die Cohäsions-Kraft verringert, Kälte sie aber verstärkt, doch kommt hierbei sehr oft viel auf die Art der Mittheilung von Kälte und Wärme an; besonders findet dies statt, wenn feste Körper durch bedeutende Wärmegrade in einen weichen Zustand versetzt werden, wie z. B. Glas und einige Metalle, wo sich nach dem Erkälten ein wesentlicher Unterschied zeigt zwischen solchen, die allmählig, und solchen, die plötzlich abgekühlt worden sind. Durch mäßiges Hämmern, Pressen, Ziehen wird die Cohäsions-Kraft der Metalle vermehrt, durch allzu starkes vermindert. Solche feste Körper, deren Theile sich schwer trennen und auch schwer beugen, also überhaupt schwer in eine andere Lage bringen lassen, nennt man harte Körper. Andere, die sich ziemlich leicht beugen, aber schwer zerreißen lassen, heißen zähe Körper; Körper, die sich schwer beugen, aber ziemlich leicht zerreißen lassen, nennt man spröde; und endlich solche, die sich leicht beugen und auch leicht zerreißen, werden weiche Körper benannt; doch lassen diese Unterschiede sich nur allgemein annehmen, da es sehr schwer ist, in dieser Beziehung scharfe Gränzen fest zu stellen. Als Beispiel für harte und spröde Körper kann das Gußeisen, besonders das weiße, und Glas dienen. Einen ziemlich hohen Grad von Zähigkeit besitzt gutes Schmiedeeisen, und ein weiches Metall finden wir im Blei.

Wenn man die eben erwähnten Eigenschaften näher betrachtet, so deuten sie offenbar auf eine Verschiedenheit der Cohäsions-Kraft in verschiedenen Richtungen bei ein und demselben Körper hin, und dies ist auch in der That bei den meisten festen Körpern der Fall; doch giebt es einige, bei denen die Cohäsions-Kraft in allen Richtungen gleich stark zu wirken scheint, was besonders bei solchen vorkommt, die, wie die Metalle oder Glasflüsse, im Bruch weder blättriges, noch grobkörniges Gefüge zeigen. Chemische Beimischungen von andern Bestandtheilen bringen in einem Körper immer ganz verschiedene Veränderungen in der Cohäsions-Kraft hervor, und zwar meist von einer Art, die sich aus der Cohäsions-Kraft der einzelnen Bestandtheile nicht gut ableiten läßt; so z. B. wird das ziemlich zähe Kupfer durch Beimischung des spröden Zinks zäher und weicher, durch Beimischung des ziemlich weichen Zinns härter.

Die Größe der Cohäsions-Kraft verschiedener Körper hat man durch Versuche zu ermitteln getrachtet, und dabei Stäbe, die an einem Ende befestigt waren, durch Gewichte zerrissen, wobei sich oft bewundernswürdig große Zusammenhangskraft zeigt, die noch mehr in Erstaunen setzt, wenn man bedenkt, daß die Durchschnittsfläche der zerrissenen Stäbe nicht die wahren Flächen, in denen der Körper reißt, darstellen, diese vielmehr bedeutend kleiner sind, da vor dem Zerreißen ein Ausdehnen statt findet, welches namentlich bei Metallen die Dicke der Stäbe so verringert, daß sich ihr Maaß im Augenblick des Zerreißens nicht genau bestimmen läßt.

Nachstehende Tafel giebt die Resultate mehrerer Versuche der Art an.

Man zerriß vierkantige Stäbe, die eine Durchschnittsfläche von 0,0189 Quadratzoll, also eine Dicke von 0,0137 Zoll hatten, und brauchte dazu folgende Gewichte:

Bei gegossenem Eisen	1930 Pfd.
— — — Kupfer	600 —
— — — Blei	25 —
Bei geschmiedetem Eisen	1367 —
— — — Kupfer	1100 —
Bei gewalztem Blei	98 —
Bei gehärtetem Stahl	2835 —
Bei weichem Stahl	2211 —
Bei Elfenbein	127 —
Bei Fischbein	142 —
Bei Buchenholz	326 —
Bei Eichenholz	300 —
Bei Tannenholz	157 —
Weißes Glas	42 —
Pergament von Kalbshaut ein Riemen von 1 Zoll breit	86 —
Starkes holländisches Postpapier 1 Zoll breit .	11⅔ —
Ein Menschenhaar	2 —

Diese Kohäsions-Kraft der Körper zeigt sich aber nur in ihrem durch die Natur gebildeten Zusammenhange; ist einmal eine gewaltsame Trennung geschehen, so sind die Stücke nie mehr so fest zusammen zu bringen, weil eine so innige Berührung, als vorher da war, nicht mehr zu erzeugen ist. —

Auffallend sind in Beziehung auf die Cohäsion einige Erscheinungen, die Rumford und Andere beobachtet haben und welche wegen ihrer mannigfachen Benutzung hier aufgeführt werden müssen: Wenn Eisenstangen von 1 Quadratzoll im Querschnitt etwa 70000 Pfd. tragen, ehe sie zerreißen, so kann man neben einander gelegte eiserne Drähte, deren Durchschnitt zusammen ebenfalls einen Quadratzoll ausmacht, mit 130000 Pfd. belasten, ehe ein Zerreißen erfolgt. Ferner zeigte sich, daß zusammengeflochtene Fäden weit mehr absolute Festigkeit haben, als frei neben einander laufende oder gedrehte, und es ist zu empfehlen, Stricke und Taue, von denen man eine besondere Festigkeit verlangt, nicht stark zu drehen, sondern, ob es auch etwas mehr Umstände macht, zu flechten. Bei den Russen findet man diesen Erfahrungssatz sehr häufig mit Vortheil angewendet. Ferner zeigte es sich, daß Kupferblech von 0,05 Dicke zu Röhren geformt eine doppelt so große Festigkeit erhielt, wenn man es mit einer Papierlage, die gut geleimt war, überzog — eine Erfahrung, die bei Blechröhren, welche einen bedeutenden Widerstand leisten müssen, wie z. B. die blechenen Raketen-Hülsen, mit großem Nutzen anzuwenden ist.

Bei getrennten Flächen, wenn sie zusammengebracht sich in recht vielen Punkten berühren, entsteht indeß auch ein Zusammenhang, der öfters eine recht bedeutende Kraft erfordert, um sie wieder zu trennen; diese Zusammenhangskraft nennt man die Adhäsion. So hängen geschliffene Glas- oder Marmorplatten recht fest an einander; die Adhäsion wird vermehrt, wenn man eine Flüssigkeit, wäre es auch nur Wasser, zwischen die Flächen bringt, weil dadurch die Berührung in mehreren Theilen hergestellt wird; ist die dazwischen gebrachte Flüssigkeit der Art, daß sie durch Verdunstung oder Abkühlung erhärtet, so entsteht dadurch eine Festigkeit, die in manchen Fällen sogar die natürliche Cohäsions-Kraft der Körper übertrifft; auf dieser Erscheinung beruht das Löthen, Leimen, Kleistern, Kitten ꝛc. Die Adhäsion findet nicht allein zwischen gleichartigen, sondern auch zwischen ungleichartigen Körpern statt, denn wenn man einen Körper z. B. mit Sand bestreut und ihn dann umkehrt, daß die bestreute Fläche nach unten kommt so werden immer eine Masse feiner Sandkörner an dem Körper haften bleiben; hier ist die Adhäsion stärker, als die Schwerkraft der Sandkörner.

Es scheint, als müsse man auch die Adhäsion als eine allgemeine Naturkraft ansehen und auch sie, wie die Schwerkraft, als eine anziehende Kraft betrachten, wenigstens berechtigen uns alle Erscheinungen zu dieser Annahme; vielleicht ist sie mit Schwerkraft gleichbedeutend, oder nur eine andere Aeusserung derselben; ihr Wesen oder Grund ist uns ebenso verborgen, als bei der Schwere.

Jeder feste Körper ist einer Zusammenpressung, oder Ausdehnung fähig, wie bereits früher gesagt worden; wenn aber die Zusammenpressung aufhört und der Körper wieder sich selbst überlassen bleibt, so behält er entweder seine veränderte Gestalt, oder er kehrt zu seiner frühern Gestalt und Ausdehnung zurück; thut er das letztere, so nennt man ihn elastisch oder federnd. Auch kann jeder feste Körper, besonders wenn er die Gestalt eines langen, verhältnißmäßig dünnen Stabes hat, gebogen werden, und wenn er dann los gelassen wird, so behält er entweder die gebogene Form, oder er kehrt zu seiner ersten geraden Gestalt zurück; auch diese Erscheinung gehört der Elasticität oder Federkraft an. Ferner kann man einen solchen Stab drehen, und wenn man nachläßt, bleibt er entweder gedreht stehen, oder er kehrt in seine erste Lage zurück; letzteres ist ebenfalls eine Wirkung der Elasticität. Aus dem Gesagten geht klar hervor, daß die Elasticität oder Federkraft ein Bestreben ist, Raum und Gestalt nicht zu ändern, oder, wenn solche geändert sind, sie wieder herzustellen.

Unter den festen Körpern giebt es keinen, bei denen die Elasticität sich nicht unter gehörigen Umständen zeigte, doch ist der Grad derselben verschieden. Vollkommen elastisch sind solche Körper, die Gestalt und Volumen vollständig wieder herstellen, wenn sie nach einer Pressung oder Biegung ꝛc. sich selbst überlassen werden. Unvollkommen elastisch sind diejenigen, bei welchen die Wiederherstellung nur theilweise erfolgt. Alle festen Körper sind gegen Kräfte, bis zu einer gewissen Größe, vollkommen elastisch; erst wenn die Größe der Kräfte die angemessene Gränze übersteigt, tritt die Erscheinung der unvollkommenen Elasticität ein. Dies läßt sich selbst bei einem sehr elastischen Körper, beim Kautschuk, Gummi Elasticum oder Federharz zeigen, wo, wenn eine sehr starke Kraft die Zusammenpressung bewirkt hat, nach der Wiederherstellung der Form, an dem Ort, wo die Kraft wirkte, eine kleine Vertiefung sich zeigen wird; hier ist der Grad der unvollkommenen Elasticität bereits eingetreten. —

Sollen die Wirkungen der Elasticität sichtbar werden, so muß eine bewegende Kraft nur auf einen Theil des Körpers wirken, während die andern Theile so unterstützt sind, daß sie entweder gar nicht ausweichen, oder wenigstens die Unterstützung der Art ist, daß sie langsamer ausweichen, als die wirkende Kraft sich bewegt. Auch die Form der Körper hat Einfluß auf die Aeußerung ihrer Elasticität, und zwar wird sie von einer abgerundeten Form, ohne Kanten und Ecken, sehr befördert, während Ecken und Kanten das Vibriren unterbrechen und oft ein Zertrümmern des Körpers durch das Vibriren desselben herbeiführen. Die Bewegung bei der Vibration der Körper geschieht in wellenförmigen Linien, und es ist klar, daß eine solche Bewegung durch Ecken ꝛc. unterbrochen werden muß. Darin scheint es mit zu liegen, daß die eisernen Geschütze so häufig springen; dieses Springen geschieht meist in der Gegend der Schildzapfen, wo die Vibration, welche das ganze Geschütz durch das Schießen erhält, und die immer stärker wird, je schneller sich die erzeugende Ursache desselben wiederholt, oder je öfter man daraus hinter einander feuert, unterbrochen wird. Es lohnte sich wohl des Versuchs, anstatt der Schildzapfen nur abgerundete Buckel, deren Form sich in die Form des Rohrs allmählig verliefe, bei den eisernen Geschützen anzubringen; bewährte sich diese Einrichtung dadurch, daß sie das Springen der Geschütze beseitigte, würde sich wohl eine Einrichtung erdenken lassen, wodurch solche Röhre zweckmäßig mit der Laffette zu verbinden wären, was bei ihnen allerdings etwas schwieriger zu sein scheint, als bei den Röhren mit cylindrischen Schildzapfen.

Wenn die Kraft, welche auf einen Körper pressend wirkt, von bedeutender Größe, besonders größer, als die Cohäsions-Kraft, so wird der Theil, welchen die Kraft trifft, von der übrigen Masse losgerissen, und der Körper zerbricht. Wenn die Kraft als Stoß wirkt und der Cohäsions-Kraft sehr überlegen, besonders aber die Geschwindigkeit sehr bedeutend ist, so wird meist nur der Theil, welcher von der Kraft getroffen wird, losgerissen, und der Körper wird durchbohrt; ist der Stoß hingegen nur wenig größer, als die Cohäsions-Kraft, und auch seine Geschwindigkeit mäßiger, so zerspringt der Körper meist in viele Stücke. Es ist dies dadurch zu erklären, daß die Trennung der Theile vom Körper keinesweges augenblicklich, vielmehr in einem, wenn auch noch so kleinen Zeitraum erfolge; weil aber in der Masse des Körpers ein Zusammenhang statt findet, wirkt jeder Stoß auf die ganze Masse dadurch, daß die getroffenen Stellen ihn den nebenliegenden rc. mittheilen, und zu dieser Mittheilung gehört eine gewisse Zeit. Je geringer nun die Geschwindigkeit des Stoßes, desto mehr kann sich die Wirkung durch die ganze Masse verbreiten und alle schwachen Stellen zertrümmern; je größer aber die Geschwindigkeit, desto mehr wirkt die Kraft nur auf die Theile, welche unmittelbar in der Richtung des Stoßes liegen. Deshalb kann eine Glasscheibe durch einen mäßigen Schlag in viele Stücke zertrümmert werden, während eine darauf abgeschossene Büchsenkugel oft nur ein einziges kleines Loch macht. Aus eben dem Grunde ist es vortheilhaft, beim Bresche schießen, nachdem man die Mauer an mehreren Stellen durchlöchert, schwächere Ladungen zu nehmen, um sie mehr zu zertrümmern.

Man hat viele Versuche gemacht, die Elasticität zu messen, und alle haben als Resultat gegeben: daß gleiche Vermehrung der einwirkenden Kraft auch gleiche Veränderung in den räumlichen Verhältnissen der Körper hervorbringe, weshalb auch: Der Widerstand, welchen die Elasticität leistet, in ganz gleichem Verhältniß mit den Raumveränderungen des Körpers stehen muß. — Es ist aber dabei nur von vollkommener Elasticität die Rede; bei unvollkommener Elasticität hört jede Maaßbestimmung auf. Die größte vollkommene Elasticität findet man: bei gehärtetem Stahl, geschlagenem Messing, Elfenbein, Knochen, trockenem Holz, Fischbein, Federharz rc. — Die geringste vollkommene Elasticität äußern die weichen Metalle, wie Blei, Zinn, reines Gold und Silber, ferner weiche Thonmassen rc. —

Die Lehre vom Gleichgewicht und der Bewegung fester Körper oder Grundlehren der Statik und Mechanik.

Gleichgewicht nennen wir die durch Wirkung entgegengesetzter Kräfte hervorgebrachte Ruhe. Man muß hierbei zwei Fälle betrachten:

1. Wenn die Körper durchaus nicht befestigt, sondern den bewegenden Kräften in jeder Richtung ganz Preis gegeben sind.
2. Wenn sie an irgend einen Punkt der Art befestigt sind, daß sie sich um diesen Punkt, als um eine Axe, bewegen können.

Für den ersten Fall wird ein Körper b, Fig. IV., im Gleichgewicht bleiben, wenn zwei gleiche Kräfte c b und d b nach entgegengesetzter Richtung auf ihn wirken.

Sollte ein Körper von zwei Kräften C A und D A, Fig III., die nach verschiedenen Richtungen einwirken, bewegt werden, so ist aus Früherem bekannt, daß eine Kraft B A, welche durch die Diagonale des Parallelogramms der Kräfte ACBD ausgedrückt wird, dasselbe leistet, und es ist deshalb klar, daß hier Gleichgewicht entstehen muß, wenn man eine Kraft E A, welche der B A gleich ist, in entgegengesetzter Richtung wirken läßt.

Es wird nach dem früher Gesagten auch leicht begreiflich sein, wie den drei Kräften B A, C A, D A, Fig. II., die eine Kraft G A, welche eben so groß, als F A, und dieser entgegengesetzt wirkt, das Gleichgewicht halten wird.

Wenn aber drei Kräfte B A, C A und D A, Fig. V., die nicht in einer Ebene liegen, einen Körper A bewegen, so wird er der Diagonale A E des vollendeten Parallelepipedums folgen (wie sich nach dem Frühern leicht erläutern läßt), und es wird hier Gleichgewicht entstehen, wenn man eine Kraft F A, welche der E A gleich ist, ihr entgegengesetzt wirken läßt. —

Für den zweiten Fall von Erzeugung des Gleichgewichts ist es sehr leicht begreiflich, daß wenn wir eine Linie A B, Fig. VI., die ohne alle Schwere gedacht wird, genau in der Mitte C unterstützen und an beide Enden gleiche Gewichte P und Q hängen, diese Gewichte in Gleichgewicht und die Linie in Ruhe bleiben wird. Wir finden diesen Fall bei unserer gewöhnlichen Waage praktisch angewendet, und auf diesem Grundsatze beruht ja eben alles Wägen. Denken wir uns aber eine eben solche Linie A B, Fig. VII., der Art in C unterstützt, daß A C genau der dritte Theil von C B, und stellen wir uns vor, diese Linie mache eine kleine Bewegung um C in die Lage A′ B′, so ist der Weg B B′, den der Punkt B macht, eben 3 mal so groß, als der Weg A A′, welchen der Punkt A in derselben Zeit zurücklegt; d. h. die Geschwindigkeit von B ist 3 mal so groß, als die von A. Nun wurde aber Seite 13 und 14 erläutert, daß ein Hauptgesetz der Bewegung uns zeigt, wie Kraft und Geschwindigkeit genau im umgekehrten Verhältniß stehen, oder daß man an Kraft eben so viel aufgeben müsse, als man an Geschwindigkeit gewinnt, und es wird daraus deutlich, daß an der Linie A B Fig. VII. Gleichgewicht entstehen muß, wenn an A ein Drei mal so großes Gewicht, als an B, angebracht wird. Weil aber die Wege von A und B genau von den Entfernungen A C und B C abhängen, so wird sich ein allgemeines Gesetz für das Gleichgewicht in diesem Falle auf folgende Art feststellen lassen:

Wenn zwei Kräfte an einer Linie, die in irgend einem Punkte unterstützt ist, um welchen sie eine drehende Bewegung annehmen kann, wirken, so wird Gleichgewicht entstehen, wenn diese Kräfte sich zu einander verhalten, wie umgekehrt ihre Entfernungen vom Unterstützungspunkte.

Ebenso folgt aber auch unmittelbar aus den obigen Betrachtungen, daß Gleichgewicht in dem vorliegenden Falle entstehen muß, wenn die Kräfte sich umgekehrt, wie die Wege, welche sie in gleichen Zeiten zurücklegen würden, verhalten, was wir als ein zweites allgemeines Gesetz ansehen müssen.

Da nun ein einfaches Gewicht in einer dreifachen Entfernung vom Unterstützungspunkte einem dreifachen Gewicht in einer einfachen Entfernung das Gleichgewicht hält, so ergiebt sich daraus, daß die Produkte aus den Entfernungen und Gewichten immer gleich sein werden, wenn Gleichgewicht erfolgt. Man nennt aber diese Produkte die statischen Momente der Kräfte. Wäre nun z. B. ein Gewicht von 10 Pfd. von dem Unterstützungspunkte 3 Fuß entfernt, und man wollte diesen 10 Pfd. mit 2 Pfd. das Gleichgewicht halten, so muß man zu 2 den Faktor suchen, welcher mit der 2 dasselbe Produkt giebt, was man erhält, wenn man das Gewicht von 10 Pfd.

mit seiner Entfernung 3 Fuß multiplicirt; man wird dies erreichen, wenn man mit 2 das Produkt von 3 mal 10 oder 30 theilt, und es ergiebt sich 15 Fuß für die Entfernung, in welcher die 2 Pfd. vom Ruhepunkte angebracht werden müssen, um die 10 Pfd., die nur 3 Fuß vom Ruhepunkte liegen, in Gleichgewicht zu erhalten. Daraus läßt sich ein drittes allgemeines Gesetz entwickeln, welches heißt:

Beim Gleichgewicht, in dem eben angenommenen Falle, müssen die statischen Momente der Kräfte einander gleich sein.

Auf diesen drei Gesetzen beruht die ganze Mechanik, da das Gleichgewicht bei allen Maschinen sich von ihnen ableiten läßt. Man pflegt in der Regel die Lehre von dem Gleichgewicht fester Körper — Statik, — die Lehre von der Bewegung derselben, Mechanik zu nennen; doch sind die Lehren beider ziemlich als gleich zu betrachten, da, genau genommen, sobald Gleichgewicht eingetreten, nur ein kleiner Ueberschuß von Kraft in irgend einer Richtung Bewegung erzeugen muß. Es sind aus diesem Grunde auch die Gesetze der Statik durchaus auf die Mechanik anzuwenden, weshalb auch hier keine Trennung statt finden soll.

Jedes Mittel, wodurch eine Kraft bei ihrer Wirkung unterstützt werden soll, nennt man allgemein eine Maschine, und man theilt solche in einfache und zusammengesetzte Maschinen, deren Begriff schon in der Benennung enthalten. Die einfachen Maschinen sind:

Der Hebel,
die Rolle,
die Winde und das Wellrad,
die schiefe Ebene und der Keil
und die Schraube.

Alle zusammengesetzte Maschinen sind nichts anders, als Zusammenstellungen dieser einfachen.

Ob nun gleich die Wissenschaft nur Kräfte kennt, ohne sie, wenn sie auf einerlei Art wirken, durch besondere Benennungen von einander zu unterscheiden, so hat man doch im Leben einen Unterschied zwischen der bei Anwendung einer Maschine zu überwindenden oder widerstrebenden, und der ihr entgegenwirkenden Kraft gemacht; man nennt die erstere Last, die letztere aber ausschließlich Kraft.

Zu bemerken ist noch, daß man bei Entwickelung der statischen Gesetze durchaus alle Maschinen ohne Schwere annimmt und nichts weiter im Auge behält, als die wirkenden Kräfte in ihren Beziehungen auf einander.

Die einfachen Maschinen.

1. Der Hebel.

Man versteht darunter eine Linie, die in irgend einem Punkte unterstützt ist und an welcher zwei Kräfte — (Kraft und Last) — wirken.

Allgemein kann man zwei Arten Hebel annehmen: zuerst einen solchen, wie Fig. VII., wo Kraft P und Last Q an den beiden Enden B und A wirken, der Unterstützungspunkt C aber zwischen beiden liegt; dann einen Hebel, wie Fig. VIII., wo der Unterstützungspunkt C an einem Ende liegt, Kraft und Last aber an einem Endpunkte und in einem Punkte der Linie wirken. Ersteren nennt man den zweiarmigen oder doppelarmigen Hebel, letztern den einarmigen Hebel.

Die Entfernung der Richtungslinien der Kraft und Last vom Unterstützungspunkt heißen die Hebelsarme. Sind diese Richtungen senkrecht, so bilden die betreffenden Theile des Hebels selbst die Hebelsarme, sind die Richtungen nicht senkrecht, so fallen diese Hebelsarme außerhalb der den Hebel vorstellenden Linie. So z. B. sind in Fig. VII. und VIII., wenn Q die Last und P die Kraft bezeichnet, A C die Hebelsarme der Last, B C die Hebelsarme der Kraft; da hingegen ist in Fig. IX. die senkrechte Linie CD der Hebelsarm der Last und CE der Hebelsarm der Kraft. Auch wenn der Hebel gebrochen, wie Fig. X., oder krummlinig, wie Fig. XI., findet immer dasselbe statt; in beiden Fällen sind die senkrechten Linien auf die Richtungen der Kräfte als Hebelsarme zu betrachten, nämlich CD die Hebelsarme der Last, CE die Hebelsarme der Kraft. Das Gesetz, nach welchem am Hebel Gleichgewicht entsteht, ist oben entwickelt; es wird hier nur nöthig, anstatt der Entfernungen der Kraftrichtungen vom Unterstützungspunkte die Hebelsarme zu setzen, es würde also heißen:

Im Gleichgewicht verhält sich am Hebel Kraft zur Last, wie umgekehrt die Hebelsarme.

Nehmen wir an, in Fig. VII. betrage die Last Q 120 Pfd., und der Punkt A sei von dem Unterstützungspunkte C 2 Fuß, der Punkt B aber 5 Fuß entfernt, und man soll finden, wie groß die Kraft P sein muß, um Q im Gleichgewicht zu erhalten, so muß nach obigem Gesetz 120 Pfd. zu 5 Fuß sich eben so verhalten, wie die zu suchende Kraft P zu 2 Fuß, d. h. da die 5 der 24ste Theil von 120 Pfd. ist, so muß auch 2 der 24ste Theil von P sein, und wenn man 2 mit 24 multiplicirt, so erhält man den gesuchten Werth für P, welcher hier 48 Pfd. beträgt. Es ist nicht schwer einzusehen, daß wenn man den Hebelsarm der Last A C größer macht, den Hebelsarm der Kraft aber unverändert läßt, die zum Gleichgewicht nöthige Kraft auch größer sein muß; denn gesetzt, A C sei, anstatt 2 Fuß, jetzt 3 Fuß lang, so wird nach obigen Betrachtungen 3 mal 24 oder 72 Pfund Kraft zum Gleichgewicht nöthig sein, also mehr als vorher; wenn wir aber den Hebelsarm der Kraft größer machen, so wird geringere Kraft zum Gleichgewicht erfordert; denn wenn in obigem Beispiel alle Werthe bleiben, C B aber, anstatt 5 Fuß, 6 Fuß lang gemacht wird, so ist 6 der 20ste Theil von 120, und die zum Gleichgewicht nöthige Kraft wird also nur 2 mal 20 oder 40 Pfd. betragen dürfen. Allgemein läßt sich aus diesen Betrachtungen das Grundgesetz für die Anwendung des Hebels ableiten, daß: mit Zunahme des Hebelsarms der Last die zum Gleichgewicht nöthige Kraft größer sein muß, mit Zunahme des Hebelsarms der Kraft aber letztere geringer wird; es versteht sich von selbst, daß für die Abnahme der Hebelsarme das Umgekehrte gilt, und wir erfahren daraus, wie man bei der Anwendung des Hebels immer darauf sehen muß, daß die Kraft möglichst weit vom Unterstützungspunkte wirkt, während die Last ihm so nahe als möglich liegen muß, will man die Kraft vortheilhaft wirken lassen.

Vergleicht man den einarmigen Hebel, Fig. VIII., mit dem vorigen, so ist ersichtlich, daß hier immer die ganze Länge des

Hebels den Hebelsarm der Kraft vorstellt, woraus also hervorgeht, daß diese Art von Hebel unter sonst gleichen Umständen immer die geringste Kraft erfordern wird, um der Last das Gleichgewicht zu halten; jedoch gilt dies nur dann, wenn die Richtungen von Kraft und Last gleichlaufend mit einander sind; wo dies nicht statt findet, kann der Fall eintreten, daß auch bei diesem Hebel die Kraft größer sein muß, als die Last, um Gleichgewicht herzustellen.

Denken wir uns in Fig. VII. den Hebel A B um C bewegt, so werden die Hebelsarme C A und C B Kreisbogen A A′ und B B′ beschreiben, und es wird in der Geometrie bewiesen, daß diese Kreisbogen sich wie ihre Radien verhalten, welche hier von den Hebelsarmen gebildet werden. Diese Kreisbogen bilden aber die Wege von Kraft und Last, wenn der Hebel in Bewegung gesetzt wird, und man sieht leicht ein, daß ein neues Gesetz für den Hebel sich daraus aufstellen läßt, welches schon oben bei den allgemeinen Betrachtungen über das Gleichgewicht der Kräfte ausgesprochen worden; es heißt:

Im Gleichgewicht verhält sich Kraft zur Last beim Hebel, wie umgekehrt die Wege, welche beide bei der Bewegung in gleichen Zeiten zurücklegen.

Oben wurde dargethan, daß, je länger der Hebelsarm der Kraft im Verhältniß zum Hebelsarme der Last ist, desto weniger Kraft nöthig sei, um Gleichgewicht zu erzeugen; wenden wir dies nun auf die Wege an, welche Kraft und Last in gleichen Zeiten zurücklegen, so ist begreiflich, daß mit der Länge der Hebelsarme diese Wege auch wachsen und daß also mit der Abnahme der Kraft, (um Gleichgewicht herzustellen) auch der Weg, den die Kraft in der Bewegung mit der Last in gleicher Zeit zurücklegt, zunimmt. Daraus folgt aber unmittelbar, wie die Geschwindigkeit der Kraft im Verhältniß zu der der Last bedeutend wachsen muß, und es zeugt sich also auch hier wieder das schon früher erläuterte Gesetz, daß Geschwindigkeit und Kraft im umgekehrten Verhältniß stehen, oder: will man an Kraft ersparen, muß man der Kraft eine um so größere Geschwindigkeit geben, woraus denn von selbst folgt, daß die zu bewegende Last um so langsamer sich bewegen wird. Es ist dies ein Grundgesetz für die Mechanik, was sich bei allen Maschinen beständig wiederholt.

Wenn man sich nun bei einen einarmigen Hebel, in Fig. XII., in B die Kraft, in A die Last denkt, so wird C B, der Hebelsarm der Kraft, kürzer sein, als C A, der Hebelsarm der Last, und es ist aus dem früher Angeführten deutlich, daß P größer, als Q sein muß; man wird also bei solchem Hebel nichts an Kraft ersparen, vielmehr wird diese immer größer, als die Last, sein müssen; dagegen wird die Bewegung der Last schneller sein, als die der Kraft, weil, wenn der Hebel die Lage C A′ erhält, die Last den Weg A A′ in derselben Zeit zurücklegt, in welcher die Kraft den kürzern Weg B B′ vollendet; es ist daraus begreiflich, wie man solchen Hebel in den Fällen mit Vortheil anwendet, wo es nicht auf eine Ersparniß von Kraft, vielmehr auf eine schnellere Bewegung der Last ankommt. Bei den Katapulten der Alten finden wir diesen Hebel in Anwendung; da hier ein Schleudern der Last bezweckt wurde, war es nöthig, derselben von Hause aus eine größere Geschwindigkeit zu geben. —

Der Hebel findet eine außerordentlich vielfältige Anwendung; so z. B. dient der Hebebaum als doppelarmiger Hebel, wenn man ihn über die Laffettenwand weg unter das Bodenstück eines Geschützrohres steckt, um selbiges in die Höhe zu heben, — aufzubrechen; — die Laffettenwand ist hier der Unterstützungspunkt, und es wird am vortheilhaftesten sein, wenn das unter das Bodenstück kommende Ende so kurz als möglich ist. Steckt man einen Hebebaum unter eine Axe und läßt das eine Ende auf der Erde ruhen, während man am andern Ende in die Höhe drückt, so wird hier der Hebebaum als einarmiger Hebel angewendet, wobei der Erdboden den Unterstützungspunkt bildet; es wird dabei vortheilhaft sein, einen möglichst langen Hebebaum anzuwenden. — Das Gewehr des Infanteristen, wenn solcher im Anschlage liegt, muß ebenfalls als ein doppelarmiger Hebel betrachtet werden, bei welchem die linke Hand den Unterstützungspunkt bildet, während die eigne Schwere des Kolbens, so wie der Druck der rechten Hand am Kolbenhals die Kraft ausüben, welche der Schwere des vordern Theils — Lauf und Bajonett — das Gleichgewicht hält, und es wird leicht einzusehen sein, daß die linke Hand, so weit es sich ohne übermäßige Anstrengung der Muskeln thun läßt, möglichst weit nach vorne liegen muß, um eine sichere Lage des Gewehrs hervorzubringen; den genau bestimmten Punkt für die Lage der linken Hand werden wir später bei der Lehre vom Schwerpunkt kennen lernen. Beim Gewehrüber tritt derselbe Fall ein, indem hier die Schulter den Unterstützungspunkt ausmacht, und die praktische Erfahrung, daß die Leute nicht so ermüden, wenn sie abwechselnd bald das Bajonett oben, bald den Kolben oben tragen, beruht darauf, daß der Theil mit dem Kolben immer etwas schwerer, als der vordere Theil ist, wenn das Gewehr auf der Schulter liegt; ist nun das Bajonett nach oben, so muß der Kolben von unten unterstützt werden, damit er nicht fällt; wird es dagegen so getragen, daß der Kolben nach oben kommt, so will derselbe hintenüber fallen, und man muß das Bajonett von oben nach unten drücken, damit es nicht in die Höhe schnellt; es ist aber leicht begreiflich, daß die Muskeln des Armes in beiden Fällen auf entgegengesetzte Weise thätig sein müssen, dadurch kommt Abwechselung in die Art ihres Gebrauchs, sie werden nicht so angegriffen, als wenn sie immer in ein und derselben Richtung gespannt sein müssen, und die natürliche Folge davon ist, daß der Arm weniger ermüdet. —

2. Die Rolle.

Denken wir uns eine runde Scheibe D, Fig. XIII., ohne Schwere, um ihren Mittelpunkt C beweglich, und die Kraft und Last an ihrem Umfange in den Richtungen B P und A Q wirkend, so haben wir den Begriff von einer Rolle. Zieht man bei der Rolle den Durchmesser A B, so ist leicht einzusehen, wie man diesen als einen doppelarmigen Hebel betrachten kann, der in C seinen Unterstützungspunkt hat, und da hier A C und C B, die beiden Hebelsarme, als Radien der Scheibe einander gleich sind, so wird zur Hervorbringung des Gleichgewichts auch Kraft und Last gleich sein müssen.

Dasselbe wird aber bei dieser Maschine statt finden, die Kräfte mögen, in welcher Richtung es auch sei, ob unter sich parallel oder nicht, wirken, da die Hebelsarme immer von Radien gebildet werden; wenn z. B. die Kraft in der Richtung B′P′ wirkte, so wird B′C der Hebelsarm der Kraft sein, und es ist B' C eben so groß als, B C oder als A C, weil alle Radien oder Halbmesser eines Kreises einander gleich sind. Es gewährt also diese Maschine durchaus keine Kraftersparniß, dagegen bietet sie den Vortheil dar, die Kraft wie die Last in jeder beliebigen Richtung wirken zu lassen, weshalb man sie Leitrolle, und da sie ihren Platz bei der Anwendung nicht verändert, auch feststehende Rolle nennt. Gesetzt, man wollte ein schweres Geschützrohr Q, Fig. XIV., auf dem Wall nach A bewegen, und in der Richtung nach B Pferde ziehen lassen, so darf man nur die beiden Rollen C und D anbringen, darüber ein Tau leiten, an dessen einem Ende die Last hängt, am andern bei B die Pferde angespannt sind, und es wird der Forderung genügt sein.

Wenn in Fig. XV. die Last Q am Mittelpunkt der Rolle hängt, über die Rolle aber ein Tau gezogen ist, welches in D befestigt und an dessen andern Ende die Kraft P wirkt, und wir ziehen den Durchmesser B C, so entsteht hier ein einarmiger Hebel, dessen Unterstützungspunkt in C liegt und an welchem in A und B Last und Kraft wirken. Laufen die Richtungen B P und C D parallel mit einander, so ist A C der Hebelsarm der Last und B C der Hebelsarm der Kraft, und eine einfache Ueberlegung zeigt, daß letzterer gerade doppelt so groß als ersterer, weil A C ein Halbmesser, B C aber ein Durchmesser, der aus zwei Halbmessern der Rolle besteht, ist.

Daraus geht nun hervor, daß bei dieser Rolle unter den angenommenen Verhältnissen die Kraft grade halb so groß sein muß, als die Last, um Gleichgewicht hervorzubringen. Wollte man z. B. in Fig. XIV. ein Geschützrohr, oder irgend eine andere bedeutende Last aus dem Graben eines Werks nach der Brustwehr bringen und sich dabei der beweglichen Rolle bedienen, um einigen Vortheil an Kraft zu erhalten, zugleich aber auch die bewegende Kraft aus dem Grabensohle in P wirken lassen, so wird man zunächst an die Last eine bewegliche Rolle a befestigen und über diese ein Tau leiten, welches mit einem Ende oben an einen Balken in b fest gebunden, mit dem andern Ende aber über die fest stehenden Rollen c und d geleitet ist. Es bedarf keiner weitläufigen Auseinandersetzung, daß man bei dieser Anordung gerade mit der Hälfte der Last, als Kraft angewendet, ausreichen wird, weil die beiden Rollen c und d keine Kraftersparniß gewähren, sondern nur dazu dienen, die Kraft nach einer bestimmten Richtung zu leiten, die bewegliche Rolle a aber die Kraft auf die Hälfte der Last herabsetzt.

Anders gestaltet sich aber die Sache, wenn die Richtungen von Kraft und Last nicht gleichlaufend mit einander sind, wie in Fig. XVI., wo an der Rolle A die Last Q wieder im Mittelpunkt befestigt ist, während der Unterstützungspunkt in C liegt und die Kraft in der Richtung F P wirkt; es ist aus Früherm deutlich, daß hier die Hebelsarme durch die Linien C B und C D, welche senkrecht vom Unterstützungspunkt auf die Richtungen der Last und Kraft gezogen sind, ausgedrückt werden und daß im Gleichgewichte die Kraft zur Last sich verhalten muß, wie die Länge der Linie C B zur Länge der Linie F D. Die beiden Linien muß man mit einem Maaßstabe messen, und man wird am Besten thun, wenn man sich die Rolle nach einem verjüngten Maaßstabe zeichnet und an dieser Zeichnung die nöthigen Abmessungen abnimmt.

Es läßt sich aber geometrisch beweisen, daß B C immer größer, als $\frac{1}{2}$CD sein wird, weshalb auch unter solchen Verhältnissen die Kraft immer mehr, als die Hälfte der Last betragen muß, um Gleichgewicht hervorzubringen. Auf diese Art findet die Rolle sehr selten, fast nie eine Anwendung, da man auf anderen bequemern Wegen dieselben Zwecke erreichen kann. — Da bei Bewegung der Last mit der Rolle unter den in Fig. XV. und XVI. angeführten Umständen die Rolle selbst mit fortgeführt wird, so hat man diese Rolle die bewegliche oder Zugrolle genannt. Die Rollen werden entweder aus festem Holz, gewöhnlich Guajac-Holz oder Lignum Sanctum, oder auch aus Metall gedreht und sind auf der Fläche, welche ihre Peripherie bildet, ausgekehlt, um ein Tau aufzunehmen. Man versieht sie mit einem gabelförmigen Gehäuse, Fig. XVI. a, und nennt eine solche Rolle eine Scheere; mittelst des Loches in dem Arm a wird die Rolle, wenn sie als Leitrolle benutzt werden soll, an einen Hacken oder Nagel, der an den Stellen, wo man sie brauchen will, befestigt ist, gehängt; soll sie als Zugrolle dienen, wird sie mittelst desselben Loches an die Last befestigt. Zuweilen erhalten die Leitrollen, anstatt des Loches a, an demselben Arm eine starke Holzschraube, um sie in Balken, Pfosten ꝛc. befestigen zu können.

3. Die Winde und das Wellrad.

Wenn D, Fig. XVII., eine Welle vorstellt, welche an den Endpunkten ihrer Axe in C unterstützt ist und an welcher mittelst eines Stabes C B die Kraft P wirkt, während in A die Last Q angebracht ist, so nennt man diese Maschine eine Winde.

Vergleicht man die Winde mit dem Hebel, so findet man sehr bald, daß sie als ein zweiarmiger Hebel zu betrachten, dessen Unterstützungspunkt in C liegt, und bei welchem A C der Hebelsarm der Last, B C aber der Hebelsarm der Kraft ist; es muß sich deshalb im Gleichgewicht Kraft zur Last verhalten, wie A C zu B C; woraus hervorgeht, daß sich bei der Winde im Gleichgewicht:

Kraft zur Last verhält, wie der Halbmesser der Welle (A C) zur Länge des Stabes (B C) bis zum Mittelpunkt der Welle gerechnet. —

Wir werden also die Kraft, welche einer gegebenen Last das Gleichgewicht halten soll, finden, wenn wir die Last mit ihrem Hebelsarm oder dem Halbmesser der Welle multipliciren und das Produkt durch den Hebelsarm der Kraft oder die Länge des Stabes (der Handspeiche) theilen. Daraus geht aber hervor, daß man ein größeres Resultat erhalten wird, wenn man A C oder den Halbmesser der Welle unter sonst gleichen Umständen größer annimmt, was nichts anders sagen will, als:

a. daß zum Gleichgewicht bei der Winde mehr Kraft gehört, wenn die Welle dicker ist.

Ebenso ist leicht ersichtlich, daß, wenn man B C oder die Länge der Handspeiche vergrößert, das erhaltene Resultat bei der Berechnung kleiner wird, woraus hervorgeht:

b. daß, um Gleichgewicht bei der Winde herzustellen, längere Stäbe zur Bewegung der Welle eine geringere Kraft erfordern.

Fassen wir die beiden angeführten Punkte zusammen, so ergiebt sich für die Winde folgendes Gesetz:

Lange Stäbe oder Handspeichen zur Bewegung der Welle, und dünne Wellen, sind für die Kraft von Vortheil.

Die Winden werden auf mehrfache Weise angewendet; allgemein kann man zwei Klassen annehmen, nämlich:

1. Solche, wo die Welle horizontal liegt, oder wenigstens ihre Lage sich wenig von der horizontalen entfernt; diese Art von Winden heißen allgemein Haspeln. Je nachdem nun die Bewegung derselben bewerkstelligt wird, giebt es wieder Unterabtheilungen; geschieht die Bewegung durch Wrangen oder Kurbeln, Fig. XVIII. a b, die entweder an einem Ende, oder an beiden angebracht sind, so heißt die Winde ein Hornhaspel. Dabei ist zu merken, daß die Form der Kurbel oder des Kurbelbugs gleichgültig ist, immer giebt die gradlinigte Entfernung vom Mittelpunkt der Welle bis zu dem Punkte, wo die Kraft wirkt, den Hebelsarm der Kraft; in Fig. XVIII. also die Linie x y. Wird die Welle der Haspel durch hineingesteckte Hebebäume (Handspeichen), wie bei c d Fig. XVIII., gleichviel, ob an einem oder an beiden Enden bewegt, so nennt man die Winde eine Kreuzhaspel. Die Welle an den alten Hebezeugen der Artillerie liefert ein Beispiel davon.
2. Winden, bei denen die Welle senkrecht steht, oder wenigstens der senkrechten Stellung sich nähert, nennt man allgemein Göpel. Die Bewegung geschieht fast immer durch Hebebäume a b, Fig. XIX. Zu dieser Art von Winden gehört auch die sogenannte Erdwinde, ein Göpel, der auf einem Schlitten zu transportiren ist und dazu dient, schwere Lasten dicht über der Erde weg zu bewegen. —

Wenn in Fig. XVII. die Welle D, anstatt des Stabes C B, durch ein daran befestigtes Rad B E F G bewegt wird, so entsteht ein sogenanntes Wellrad oder Rad an der Welle; es wird meist durch ein um die Peripherie (welche ausgekehlt ist) geschlungenes Tau, was mit beiden Enden zusammengeknüpft ist (ohne Ende), bewegt. Es läßt sich leicht einsehen, daß auch hier die Gesetze des doppelarmigen Hebels anzuwenden sind, da in C der Unterstützungspunkt liegt und A C den Hebelsarm der Last, B C den Hebelsarm der Kraft vorstellt, mithin Kraft zur Last im Stande des Gleichgewichts sich verhält wie A C zu B C, d. h. beim Wellrade verhält sich im Stande des Gleichgewichts Kraft zur Last, wie der Halbmesser der Welle zum Halbmesser des Rades.

Stellt man hier dieselben Betrachtungen an, wie bei der Winde, so ergiebt sich, daß es für das Wellrad am vortheilhaftesten zur Ersparniß der Kraft ist, große Räder und dünne Wellen zu haben. Die Winde, wie das Rad an der Welle, ist einer sehr mannigfachen Anwendung fähig, und wir begnügen uns, nur ein Beispiel davon anzuführen: gesetzt, man wollte in Fig. XIV. statt der Pferdekräfte sich der Menschen bedienen um die Last R auf die Brustwehr zu bringen, so wird man das Tauende bei P noch um eine Erdwinde schlingen können, und dadurch bedeutend an Last ersparen. Die Ausführung der Berechnung für die Kraft bei dergleichen Zusammensetzungen ersparen wir uns bis zur Abhandlung über zusammengesetzte Maschinen.

Sehr oft werden diese Maschinen dadurch bewegt, daß das Rad innerhalb hohl ist und nun Menschen hineintreten, welche durch ihre eigene Schwere, indem sie vorwärts schreiten, das Rad in Bewegung setzen. Man nennt dergleichen Räder Tret-Räder. Um hier das Verhältniß zwischen Kraft und Last zur Hervorbringung des Gleichgewichts festzustellen, ist es nöthig, den Punkt zu kennen, bis zu welchem der Mensch emporsteigen muß, um das Rad in Bewegung zu setzen; liegt z. B. dieser Punkt in E, Fig. XX., so wird eine senkrechte Linie E B, auf den Halbmesser C D gefällt, das Stück C B von diesem Halbmesser abschneiden, welches die Entfernung der Richtung der Kraft (die hier als Schwere lothrecht wirkt) von dem Unterstützungspunkt C angiebt, also den Hebelsarm der Kraft bezeichnet, und es verhält für diesen Fall sich Kraft zur Last im Gleichgewicht, wie A C (der Halbmesser der Welle) zu dem Theil C B vom Halbmesser des Rades; da C B nie so groß werden kann, als der ganze Halbmesser des Rades, so geht aus Obigem von selbst hervor, daß bei einem Tret-Rade die Kraft zur Herstellung des Gleichgewichts immer größer sein muß, als bei einem Wellrade, wo die Kraft an der Peripherie wirkt.

Das Wellrad findet im praktischen Leben am meisten Anwendung, indem mehrere Räder von verschiedenem Durchmesser sich gegenseitig in Bewegung setzen; um dies zu vermögen, erhalten die Räder an ihrer Peripherie **Zähne** oder **Kämme**, mit welchen sie in einander greifen, und es entstehen dann Maschinen, die man unter dem allgemeinen Nahmen **Räderwerke** begreift. Sie gehören jedoch schon zu den **zusammengesetzten Maschinen**, wo wir sie auch näher erläutern wollen.

4. Die schiefe Ebene und der Keil.

Wenn eine Fläche gegen den Horizont unter irgend einem Winkel geneigt ist, so nennt man sie eine **schiefe Ebene**; liegt auf dieser Ebene eine Last Q, Fig. XXI., so wird weniger Kraft P dazu gehören, als die Last selbst beträgt, um sie im Gleichgewicht zu erhalten, weil ein Theil des Gewichtes der Last von der schiefen Fläche A B selbst getragen wird. Man kann sich die schiefe Ebene unter dem rechtwinklichten Dreieck E F G, Fig. XXII., vorstellen und wird zu dem, das Gleichgewicht bestimmenden Verhältniß durch folgende Betrachtungen gelangen.

Wenn die Last Q auf der schiefen Ebene E F liegt, so kann die Kraft P in **drei** verschiedenen Richtungen wirken; nämlich:

1. Gleichlaufend mit EF, welches wir die Länge der schiefen Ebene nennen wollen.
2. Gleichlaufend mit E G, was die Grundlinie der schiefen Ebene heißen mag; und
3. Mit keiner der beiden Linien gleichlaufend.

Wir wollen zunächst den ersten Fall betrachten, wo die Kraft gleichlaufend mit der Länge der schiefen Ebene wirkt. Wenn hier die Kraft im Punkte A der Last angebracht wird, so kann man sich C, wo die Last auf der schiefen Ebene ruht, als Unterstützungspunkt denken; die Last selbst strebt, nach den Gesetzen der Schwere, in der lothrechten Richtung A B zu fallen; zieht man nun die senkrechten Linien C D und C A vom Unterstützungspunkte nach den Richtungen der Last und Kraft, so geben diese die Entfernungen derselben vom Unterstützungspunkte an, und wir haben nun den Hebel A C D zu betrachten, an welchem C D und C A die Hebelsarme, wodurch wir also berechtigt sind, das Gesetz aufzustellen: **Kraft verhält sich zur Last in dem vorliegenden Falle, wie die Länge der Linie D C zur Länge der Linie A C.** Es läßt sich aber nach geometrischen Gesetzen darthun, daß die beiden Dreiecke A C D und E F G ihrer Form nach durchaus mit einander übereinstimmen, oder daß die Linien D C und C A in dem Dreiecke A C D dasselbe Verhältniß zu einander haben, wie die Linien F G und F E in dem Dreiecke E F G, weshalb man auch diese Linien für einander setzen kann, ohne einen Fehler zu begehen, und es wird sich das obige Gesetz folgender Gestalt verändern: **Im Stande des Gleichgewichts verhält sich im vorliegenden Falle Kraft zur Last, wie die Länge der Linie F G zur Länge der Linie F E.** Nehmen wir nun an, die Last betrage 200 Pfd., die Höhe F G der schiefen Ebene 6 Fuß, die Länge F E derselben aber 24 Fuß, so ist F G der vierte Theil von F E, und es wird demnach auch der vierte Theil von 200 Pfd. oder 50 Pfd. Kraft dazu gehören, um die Last von 200 Pfd. im Gleichgewicht zu erhalten und nennen wir F G die **Höhe** der schiefen Ebene, so erhalten wir folgendes Gesetz für die schiefe Ebene:

Wenn bei einer schiefen Ebene die Kraft mit der Länge derselben parallel wirkt, so verhält sich im Stande des Gleichgewichts Kraft zur Last, wie die Höhe der schiefen Ebene zu ihrer Länge.

Lassen wir F G oder die Höhe der schiefen Ebene wachsen, ohne die andern Werthe zu verändern, so wird auch der erhaltene Werth für die Kraft größer werden; machen wir hingegen E F oder die Länge der schiefen Ebene größer und lassen alle andern Werthe, wie sie sind, so wird dieser Werth abnehmen; woraus also folgt, daß **Verkleinerung** der Höhe, oder **Vergrößerung** der Länge bei der schiefen Ebene eine Kraftersparniß erzeugt. Da aber die Verkleinerung von F G, wie die Vergrößerung von E F von der Abnahme des Winkels bei E abhängt, so ist deutlich, **daß desto mehr an Kraft erspart wird, je kleiner der Winkel bei E oder je geringer die Neigung der schiefen Ebene ist.**

Für die Erläuterung des zweiten Falls der Kraftwirkung diene Fig. XXIII. Es sei hier die Richtung der Kraft A P gleichlaufend mit E G der Grundlinie der schiefen Ebene. A B giebt wieder die Richtung an, in welcher die Last wirkt; zieht man von dem Unterstützungspunkte C auf die Richtungen von Kraft und Last die senkrechten Linien C H und C D, so erhält man den Hebel D C H, an welchen H C und D C die Hebelsarme, C der Unterstützungspunkt ist, und es wird nach dem bekannten Gesetz sich Kraft zur Last verhalten, wie die Linie C D zur Linie H C; auch hier stehen die Linien D C und H C in demselben Verhältniß zu einander wie F G und G E, weil die Dreiecke H C D und E G F in der Form genau mit einander übereinstimmen, weshalb sich auch Kraft zur Last verhält, wie die Länge der Linie FG zur Länge der Linie EG, woraus also nachstehendes Grundgesetz folgt:

Wenn bei der schiefen Ebene die Kraft parallel mit der Grundlinie wirkt, so verhält sich im Stande des Gleichgewichts Kraft zur Last, wie die Höhe der schiefen Ebene zur Grundlinie.

Stellt man hier dieselben Betrachtungen wie oben an, so wird sich zeigen, daß auch hier von der Neigung der schiefen Ebene die Größe der Kraft abhängt; allgemein aber ergiebt sich, weil im ersten Fall die Hypothenuse den Divisor, im zweiten Fall aber eine Kathete der rechtwinklichten Dreiecke E F G den Divisor bei der Berechnung des Werthes für die Kraft bildet, daß man immer weniger Kraft brauchen wird, um Gleichgewicht herzustellen, wenn die Kraft gleichlaufend mit der Länge der schiefen Ebene wirkt, weshalb es z. B. nach rein mechanischen Gesetzen von Vortheil für die Zugkraft ist, die Bespannung der Fahrzeuge so einzurichten, daß die Zugtaue gleichlaufend mit dem Boden sind, vorausgesetzt, daß nicht andere Umstände, die in dem Bau der Zugthiere liegen, Modificationen erfordern.

Für den dritten Fall, wo die Kraft mit keiner Linie der schiefen Ebene parallel wirkt, ziehe man in Fig. XXIV. auf die Richtungen von Kraft und Last die Linien CH und CD senkrecht, so erhält man den Hebel H C D, an welchem H C und C D die Hebelsarme, und es verhält sich Kraft zur Last, wie die Länge der Linie C D zur Länge der Linie C H; für diesen Fall lassen sich die Längen von C D und C H nicht auf das Grunddreieck E F G übertragen, sondern man muß, will man nicht in mathematische Berechnungen sich tiefer einlassen, sich durch Zeichnung der Figur und Abmessung der Linien nach dem verjüngten Maaßstab helfen. Es geht aus der Figur hervor, daß hier immer mehr Kraft zum Gleichgewicht erfordert wird, als in den beiden vorigen Fällen, weil die Linie C H im Verhältniß zu C D immer kleiner ist, als es dort statt fand. Es ist deshalb dieser Fall der ungünstigste von den dreien, und er kommt auch in der Ausübung wenig oder gar nicht vor.

Denken wir uns eine Last auf einer schiefen Ebene so ruhend, daß sie nicht hinunterrollen, wohl aber in die Höhe bewegt werden kann, und die schiefe Ebene selbst beweglich, so haben wir den Begriff von einem Keil. Wenn z. B. in Fig. XXV. die schiefe Ebene A B C in die Lage A′ B′ C′ durch die Kraft P bewegt wird, und die Last Q kann nicht hinunterrollen, so wird letztere gehoben und in die Lage Q′ gebracht werden. Es ist bei einer ganz oberflächlichen Betrachtung einleuchtend, daß hier der zweite Fall, welcher bei der schiefen Ebene abgehandelt worden, eintritt, und wenn wir A B den Rücken und B C die Länge des Keils nennen, so verhält sich im Stande des Gleichgewichts beim Keil Kraft zur Last, wie der Rücken zur Länge desselben. Eben so ist klar, wenn wir die obigen Betrachtungen über die Kraftersparniß auf den Keil übertragen, daß es bei ihm von Vortheil für die Kraft ist, wenn der Rücken klein und die Länge groß, oder wenn er, wie man sich im Leben ausdrückt, recht scharf ist.

Hat der Keil eine solche Gestalt wie Fig. XXVI., wo beide Seitenflächen schief sind, wie er gewöhnlich zum Spalten benutzt wird, so kann man ihn als aus zwei schiefen Ebenen bestehend ansehen, von denen jede eine Last zu überwinden hat.

Theilen wir dann die Kraft P in zwei Theile, p und p′, wovon erstere die Last q, letztere die Last q′ im Gleichgewicht halten soll, so entstehen zwei Verhältnisse, nämlich:

1. Die Kraft p verhält sich zur Last q, wie D B zu D C.
2. Die Kraft p′ verhält sich zur Last q′, wie A D zu D C;

und es ist ohne Schwierigkeit aufzumitteln, daß sich die Summe der Kräfte p und p' oder die ganze Kraft P zu der Summe der Lasten q und q' oder der ganzen Last Q verhalten muß, wie die Summe der Linien A D und D B oder die ganze Linie AB zu dem Doppelten der Linie DC; d. h. beim Keil, der an beiden Seiten zugeschrägt ist, verhält sich im Stande des Gleichgewichts Kraft zur Last, wie der halbe Rücken des Keils zu seiner Länge.

Die schiefe Ebene eignet sich besonders dazu, bequeme Bahnen für bedeutende Lasten, die auf eine bestimmte Höhe gebracht werden sollen, zu bilden, wobei zugleich, wie bereits erwähnt, eine Kraftersparniß gegen das senkrechte Heben derselben eintritt. Man benutzt sie deshalb in der Fortification, um auf Wallgänge und Geschützbänke die Geschütze bequemer auffahren zu können, wo sie als Rampen, Apareillen oder Auffahrten vorkommen. Bei Wällen mit steilen Futtermauern legt man, wenn schwere Geschütze hinaufgebracht werden sollen, starke Streben in schiefer Richtung an und erzeugt sich dadurch augenblicklich eine schiefe Ebene, die mit den ihr als Maschine angehörenden Vortheilen hier noch den verbindet, daß die Geschützröhre nicht an die Mauer schlagen und solche beschädigen können. Beim Ein- und Auslegen der schweren Geschützröhre ohne Hebezeug, beim Herauf- und Herabbringen derselben vom Sattelwagen ohne Windewerk ꝛc. werden Streben und Schrotleitern als schiefe Ebenen benutzt. Die Keile, welche an die Rahmen der hohen Rahmlaffette angelegt werden, will man die Laffetten darauf bringen, sind ebenfalls nichts anders, als schiefe Ebenen.

Der Keil war früher als Richtmaschine an den Feldgeschützen im Gebrauch, wo er in Verbindung mit der Schraube eine zusammengesetzte Maschine bildete, die manche Vortheile gewährte. Auch jetzt noch benutzt man ihn als Schiebe- und Untersteckkeil bei den Geschützen, doch ist seine Kraftanwendung nie ganz rein, weil man in der Regel die Last — das Geschütz — erst in die Höhe hebt, ehe man ihn bewegt.

5. Die Schraube.

Wenn man um die Oberfläche eines Cylinders ein rechtwinklichtes Dreieck, dessen längere Kathete gleich der Peripherie der Grundfläche des Cylinders, so wickelt, daß es mit der kürzern Kathete in der Richtung der Axe mit der längeren Kathete längs der Peripherie der Grundfläche des Cylinders zu liegen kommt, so bildet die Hypothenuse eine allmählig aufsteigende Linie auf der Oberfläche des Cylinders, welche man Schraubenlinie nennt. Durch wiederholtes Aufwickeln läßt sich diese Linie fortsetzen über die ganze Länge des Cylinders. Es läßt sich sehr bald erläutern, daß die Gesetze der schiefen Ebene bei der Schraube zur Bestimmung der Verhältnisse von Kraft zur Last im Stande des Gleichgewichts ebenfalls ihre Anwendung finden. Wenn wir nämlich in Fig. XXV. uns die schiefe Ebene A B C cylindrisch zusammengewickelt denken, wie Fig. XXVII., und anstatt wie in Fig. XXV. dieselbe vorwärts schieben, sie hier um die Linie A C, B drehend bewegen, so wird der Körper Q, wenn er durch irgend eine Kraft verhindert ist hinabzugleiten, aus seiner Lage Q in die Lage Q' gehoben werden. Es ist aber nach der oben gegebenen Erklärung die zusammengewickelte Ebene nichts anders, als eine Schraubenlinie, und wenden wir nun hierauf die bei der schiefen Ebene für den zweiten Fall gefundene Proportion an, so verhält sich: Kraft zur Last, wie die Höhe A B zur Länge B C. B C bildet aber die Peripherie der Grundfläche von der cylindrisch zusammengewickelten schiefen Ebene, und wenn wir uns des geometrisch bewiesenen Satzes hier bedienen, daß der Umfang oder die Peripherie eines Kreises 3,14 mal oder $3\frac{7}{50}$ mal größer ist, als der Durchmesser desselben, so wird es leicht werden, das Verhältniß von Kraft zur Last auf den Durchmesser der cylindrisch zusammengewickelten schiefen Ebene zurückzuführen, indem wir anstatt BC den Durchmesser 3,14 mal genommen, setzen.

Schneidet man längs der Schraubenlinie auf den Cylinder eine Vertiefung so aus, daß neben ihr eine durchgängig gleich breite Erhöhung stehen bleibt, so heißt der Cylinder eine Schraube, und zwar wird die entstandene Erhöhung ab, Fig. XXVIII., das Gewinde und die Weite a d die Tiefe des Gewindes, eine einmalige Umwickelung ein Schraubengang und die Höhe a c desselben die Höhe eines Schraubenganges, der Cylinder selbst die Spindel genannt.

Die Schrauben haben bald vierseitig prismatische Gewinde, wie bei A, Fig. XXVIII., und heißen dann Schrauben mit flachen Gewinden, bald dreiseitig prismatische, B, oder scharfe Gewinde. Erstere sind in den meisten Fällen da, wo man die Schraube als Maschine braucht und die Spindel von einem festen Material — Metall — ist, anwendbar; letztere braucht man besonders bei Schrauben, die nur als Befestigungsmittel dienen und bei solchen, wo nicht so festes Material dazu verwendet worden, wie Holz, Knochen rc. —

Zu jeder Schraube gehört für die Anwendung eine sogenannte Schraubenmutter oder Mutterschraube; sie besteht aus einem cylindrischen Loch, in dessen Wände ebenfalls Gewinde geschnitten sind, welche mit denen der Spindel korrespondiren und worin sich beim Drehen die Gewinde der Spindel verschieben.

Es ist leicht zu übersehen, daß in der oben angeführten Umwickelung der schiefen Ebene zur Erzeugung der Schraube, die Höhe der schiefen Ebene mit der Höhe eines Schraubenganges gleichbedeutend ist, und wir werden deshalb das Gesetz, welches für das Gleichgewicht bei der schiefen Ebene entwickelt worden, sehr leicht auf die Schraube anwenden können, wenn wir die der Schraube eigenthümlich angehörenden Benennungen am gehörigen Ort einschalten, wodurch es sich folgender Maaßen gestaltet:

Es verhält sich im Stande des Gleichgewichts bei der Schraube Kraft zur Last, wie die Höhe eines Schraubenganges zum Umfange der Spindel. Sollte, anstatt des Umfanges der Spindel, es bequemer sein, den Durchmesser derselben zu benutzen, so würde man, wie oben erwähnt, anstatt des Umfanges den 3,14fachen Durchmesser der Spindel setzen.

Es ist einleuchtend, daß die Kraft bei der Schraube geringer sein kann, wenn man die Höhe eines Schraubenganges im Verhältniß zum Umfange der Spindel kleiner macht, weil, wenn man sich auf die schiefe Ebene bezieht, dann die Höhe derselben im Verhältniß zu der Länge geringer wird; aus demselben Grunde wird man auch an Kraft ersparen, wenn man den Umfang oder den Durchmesser der Spindel bei gleichem Verhältniß der

Schraubengänge vergrößert, und es folgt daraus, daß zur Kraftersparniß bei der Schraube **niedrige Gewinde** und starke **Spindeln** gehören.

Bei sehr großen Schrauben, wo die Gewinde viel zu tragen haben, pflegt man diese etwas steiler oder höher zu machen und zwei, auch drei Schraubenlinien parallel mit einander um die Spindel zu führen; man nennt sie dann mehrgängige Schrauben. Fig. XXVIII* zeigt eine zweigängige und Fig. XXVIII** eine dreigängige Schraube. — Mit der Zahl der Gänge nimmt die Steilheit der Gewinde und dadurch die Geschwindigkeit der Bewegung zu, weshalb man besonders bei solchen Maschinen, wo die Schraube einen **Stoß** ausüben soll, mehrgängige Schrauben anwendet; wird bloß ein **Druck** erfordert, so werden in der Regel nur einfache Schrauben gebraucht.

Die Anwendung der Schraube als Maschine kann allgemein auf zweierlei Art geschehen:

1. Die **Spindel** soll die Kraft ausüben oder die Last überwinden, für welchen Fall es zwei Unterabtheilungen giebt.
   a. Die Spindel bewegt sich um ihre Axe und geht zugleich in der Richtung derselben auf und nieder; die Mutter ist unbeweglich.

Beispiele für diesen Fall liefern die Buchdrucker-Pressen, Stanzwerke der Münzen und Artillerie-Werkstätte für Blechtheile, die eine möglichst gleichförmige Form erhalten sollen, französische Richtschraube an den Feldgeschützen, ferner die Pressen für die Bleikugeln, wie sie in neuerer Zeit, um ihnen mehr Dichtigkeit und regelmäßigere Form zu geben, angewendet werden rc.

   b. Die Spindel geht in der Richtung ihrer Axe auf und nieder, ohne sich zu drehen; die Mutter bewegt sich um ihre Axe, ohne ihre Stelle zu verlassen.

Beispiel dafür ist die Richtmaschine der preußischen Feldgeschütze und Mörser.

2. Die **Mutter** soll die Kraft ausüben oder die Last überwinden. Auch für diesen Fall haben wir zwei Unterabtheilungen.
   a. Die Mutter bewegt sich um ihre Axe und geht auf und nieder; die Spindel ist unbeweglich.

Als Beispiel dafür dienen die sogenannten Buchbinder- oder Papierpressen, wie man sie auch in dem Laboratorium der Artillerie bei Anfertigung des mehrfach gekleisterten Papiers anwendet.

b. Die Mutter bewegt sich an der Spindel auf und nieder, ohne sich zu drehen; die Spindel dreht sich um ihre Axe, ohne ihren Platz zu verlassen.

Die Richtmaschine der preußischen Rahmlaffette ist auf diese Art eingerichtet; eben so viele große hölzerne Schrauben, die in der Baukunst zur Unterstützung von Bauwerken gebraucht werden. —

Mit der Schraube ist die Reihe der einfachen Maschinen beschlossen. Bei nur einiger Aufmerksamkeit wird man finden, daß alle Gesetze, welche für das Gleichgewicht gelten, sich auf das beim Hebel entwickelte Gesetz zurückführen lassen, und es ist also der Hebel unbedingt als Fundamental-Maschine zu betrachten. In Folgendem werden wir darthun, daß alle zusammengesetzten Maschinen sich wieder auf die einfachen basiren, und dadurch wird erwiesen, daß der Hebel das Fundamentalgesetz der ganzen Maschinenlehre bildet.

Die zusammengesetzten Maschinen.

Für den Gebrauch der Maschinen im Leben langen die einfachen nicht aus, weil, um großen Lasten damit das Gleichgewicht zu halten, ihre Form höchst ungeschickt werden müßte und in den meisten Fällen auch kein Material aufzutreiben wäre, was einer so großen Maschine Festigkeit genug ertheilte, endlich auch die Unbehülflichkeit derselben der Anwendung sehr im Wege stehen würde. Dies zu vermeiden, setzt man die einfachen Maschinen auf verschiedene Weise zusammen und läßt so mehrere vereint wirken.

Um diese Zusammensetzungen deutlich zu machen, wollen wir als Beispiel einen einfachen Hebel nehmen, mit welchem man durch 1 Pfd. Kraft 100 Pfd. Last im Gleichgewicht erhalten will; es ist klar, daß wenn man den Hebelsarm der Last hierbei nur einen Zoll lang machte, der Hebelsarm der Kraft 100 Zoll lang sein müßte, um den gestellten Bedingungen zu genügen, und es ist ersichtlich, wie ein derartiger Hebel eine äußerst unbehülfliche Maschine abgeben würde, wobei er noch eine bedeutende Stärke haben müßte, um sich nicht zu biegen, oder gar zu brechen. Dies vermeidet man, indem man zuerst einen Hebel a b, Fig. XXIX., anwendet, wobei a c 1 Zoll, c b 5 Zoll; und es ist aus Früherm bekannt, daß dann die Last Q von 100 Pfd. durch eine Kraft von 100 getheilt durch 5, oder von 20 Pfd. im Gleichgewicht erhalten wird. Setzen wir nun einen zweiten Hebel d f mit diesem ersten so in Verbindung, daß der Hebelsarm der Last e d auf den Hebelsarm der Kraft c b des vorigen Hebels drückt, so wird dieser nur 20 Pfd. Last das Gleichgewicht zu halten haben; wenn nun d e ein Zoll, e f aber 4 Zoll lang gemacht wird, so braucht man an f nur 20 getheilt durch 4 oder 5 Pfd. Kraft anzuwenden, um Gleichgewicht hervorzubringen. Lassen wir endlich einen dritten Hebel g h auf den zweiten wirken, so hat dieser nur 5 Pfd. Last das Gleichgewicht zu halten, und wenn nun g i 1 Zoll, i h aber 5 Zoll lang ist, so wird die Kraft P nur 5 getheilt durch 5 oder 1 Pfd. betragen dürfen, um Gleichgewicht herzustellen, und auf diese Art hat man es durch drei gegenseitig auf einander wirkende Hebel von kleinen Abmessungen erreicht, daß mit 1 Pfd. Kraft eine Last von 100 Pfd. im Gleichgewicht erhalten werden kann.

Ist man der eben gegebenen Erläuterung genau gefolgt, so ergiebt sich zugleich der Weg daraus, auf welchen man zur Bestimmung des Verhältnisses zwischen Kraft und Last im Stande des Gleichgewichts bei dem gewählten Hebelsystem gelangt, indem man nämlich mit dem der Last zunächst stehenden Hebel beginnt, die Kraft für den Fall des Gleichgewichts zu ermitteln, und das gefundene Resultat als die Last ansieht, welche der zweite Hebel im Gleichgewicht erhalten soll; die nun gefundene Kraft, als Last für den dritten Hebel betrachtet u. s. f.; und in der That ist dies auch der Weg, welchen man bei allen zusammengesetzten Maschinen einschlägt, um das Verhältniß zwischen Kraft und Last für den Stand des Gleichgewichts zu bestimmen. Wenn man bei dem gewählten Beispiel alle Hebelsarme der Last, nämlich a c, d e, g i mit einander und mit der Last multiplicirt, so erhält man, da sie durchgängig nur 1 Zoll betragen, 1 mal 1 mal 1 mal 100 oder überhaupt nur 100.

Multiplicirt man eben so alle Hebelsarme der Kraft, nämlich c b, e f und i h oder 5 mal 4 mal 5 mit einander, so erhält man ebenfalls 100; das erste Produkt durch das letzte, hier 100 durch 100, getheilt, giebt 1 Pfd., wie oben für die Kraft, welche bei der gewählten Anwendung van Hebeln 100 Pfd. Last im Gleichgewicht erhält; daraus kann man nun folgendes allgemeine Gesetz für dergleichen Zusammenstellungen von Hebeln entwickeln: Die Kraft ist dem Produkte aus allen Hebelsarmen der Last, multiplicirt mit der Last und dividirt durch das Produkt aus allen Hebelsarmen der Kraft gleich.

Wenn also in Fig. XXX. die Last von 500 Pfd. durch das angegebene Hebelsystem in Gleichgewicht erhalten werden soll, so wird die Kraft erhalten, wenn man 1 mal 1 mal 1 mal 1 mal 500 durch 5 mal 5 mal 5 mal 4 oder 500 durch 500 theilt, was hier wiederum 1 Pfd. beträgt.

Die hier als Beispiel gewählte Zusammensetzung von Hebeln ist jedoch wenig in der Ausübung zu brauchen, doch hat man eine sehr sinnreiche und nützliche Anwendung von der Zusammensetzung mehrerer Hebel in neuerer Zeit bei der sogenannten tragbaren Brückenwaage benutzt. Die Einrichtung derselben ist im Wesentlichen folgende: Auf einem einarmigen Hebel A B Fig. XXX* ruht, die zu wägende Last Q; dieser Hebel hat bei B einen Unterstützungspunkt und drückt mit diesem wieder auf einen andern einarmigen Hebel D F, welcher bei F seinen Unterstützungspunkt hat. Beide Hebel A B und D F sind mit einem dritten doppelarmigen Hebel G K, welcher seinen Unterstützungspunkt in H hat, durch die eisernen Stangen I A und K D, welche an den Endpunkten beweglich, in Verbindung gesetzt; an dem Punkte G ist eine Waageschale, worauf die Gewichte kommen. Die Abmessung des Hebels A B ist ziemlich gleichgültig; beim Hebel D F ist E F der zehnte Theil von D F; beim Hebel G K ist H I der zehnte Theil von H K, und eben so G H zehnmal so lang als H I. Die Kraft, welche einer gewissen Last das Gleichgewicht hält, ist leicht nach obigem Gesetz für solche Zusammenstellungen zu ermitteln, indem alle Hebelsarme der Kraft, welche in Wirksamkeit treten, zusammengenommen gerade zehn mal so lang sind, als alle Hebelsarme der Last; woraus also hervorgeht, daß man beim Wägen mit einer auf die angegebene Weise construirten Waage nur den zehnten Theil der Gewichte auflegen darf, als bei einer gewöhnlichen Waage, oder daß man beim Wägen die, um Gleichgewicht hervorzubringen, aufgelegten Gewichte immer mit 10 multipliciren muß, um das wahre Gewicht der Last zu erhalten.

Es müßte von großem Vortheil in Bezug auf Raumersparniß, Wohlfeilheit und richtiges Wägen sein, diese Brückenwaagen in unsern Stückgießereien einzuführen, wo man noch immer der gewöhnlichen Waage sich bedient, bei welcher beide Hebelsarme gleich sind, mithin eine große Zahl Gewichte und eine gewaltig starke Konstruktion des Waagebalkens der bedeutenden Reibung, welche in den Zapfenlagern des Balkens entsteht und die Beweglichkeit der Waage sehr stört, nicht zu gedenken, erfordern und dadurch diese Waagen zu einem sehr unbequemen Instrument machen. Eine andere Anwendung kann die Zusammenstellung von Hebeln auf ähnliche Art, wie bei der Brückenwaage, finden, wenn man bei größern artilleristischen Versuchen Geschütze mit Laffetten und Protzen, ja selbst mit vorgespannten Pferden zu wägen genöthigt würde, und es kann nach dem Vorgetragenen nicht schwer werden, für solche Fälle eine Waage zu konstruiren, deren Hebel aus Holz von angemessener Stärke mit eisernen Beschlägen zusammenzusetzen sind.

Eine mehr angewendete und vortheilhaftere Zusammensetzung erlaubt die zweite der einfachen Maschinen, die Rolle. Man braucht sie der Art, daß man eine oder mehrere feststehende und bewegliche Rollen durch über sie gezogene Taue verbindet, und es entsteht dann eine zusammengesetzte Maschine, die man den Flaschenzug nennt. Die Rollen werden zu diesem Behufe neben oder über einander in Gehäusen befestigt, und solche Gehäuse mit den Rollen nennt man Flaschen oder Kloben, die je nach ihrer Anwendung in bewegliche und feststehende Flaschen oder Kloben zerfallen.

Fig. XXXI., A und B stellen zwei Flaschenzüge vor, die auf verschiedene Art mit dem Tau bezogen, doch ganz gleiche Kraft erfordern, um einer bestimmten Last Q das Gleichgewicht zu halten.

Um diese Kraft zu bestimmen, denken wir uns bei A zuerst die Last durch das eine Tau a gehoben, so wird die dazu nöthige Kraft nach dem früher entwickelten Gesetze für die Rolle, weil hier nur eine bewegliche Rolle wirkt, grade die Hälfte der Last betragen; diese Hälfte hat nun das Tau b im Gleichgewicht zu erhalten, und da dies abermals über eine bewegliche Rolle geht, so wird wieder nur die Hälfte der Last erfordert, also nur ein Viertheil der ganzen Last; die feststehenden Rollen des obern Klobens geben keine Krafterspar niß, und es wird also für diesen Flaschenzug Gleichgewicht entstehen, wenn die Kraft P den vierten Theil der Last Q beträgt.

Es ist leicht einzusehen, wie bei B dasselbe statt findet; das Tau c leistet nichts, da es über keine bewegliche Rolle führt.

Wenn man diese Betrachtungen fortsetzt für Flaschenzüge, wo der bewegliche Kloben noch mehrere Rollen enthält, so wird klar, daß mit jeder beweglichen Rolle die Kraft, welche zur Erhaltung des Gleichgewichts erforderlich ist, immer um die Hälfte abnimmt, und daraus geht das allgemeine Gesetz für alle Flaschenzüge hervor:

Man bekommt die Kraft, welche bei einem Flaschenzuge der Last das Gleichgewicht hält, wenn man die Last durch das Doppelte der Anzahl Rollen, welche der bewegliche Kloben enthält, theilt.

Zuweilen stellt man die Rollen in einer Verbindung zusammen wie Fig. XXXII. zeigt. Es ist leicht begreiflich, wie in diesem Falle die Kraft P, welche der Last Q das Gleichgewicht halten soll, gefunden wird, da die Verminderung der Kraft hier ebenfalls allein von den beweglichen Rollen abhängt. Das gewählte Beispiel enthält deren vier, und es wird also für den Fall des Gleichgewichts die Kraft P den achten Theil der Last Q betragen müssen.

Setzen wir den Flaschenzug A, Fig. XXXI., mit einer Hornhaspel in Verbindung, bei welcher der Halbmesser der Welle 4 Zoll und die Länge des Kurbelarms 2 Fuß oder 24 Zoll, so wird die Maschine noch zusammengesetzter, aber es läßt sich nach dem bereits Gesagten die Kraft, welche einer bestimmten Last Q von 2000 Pfd. das Gleichgewicht hält, leicht ermitteln. Nach den eben angestellten Betrachtungen würde die Last Q durch den Flaschenzug allein mit einer Kraft im Gleichgewicht erhalten werden, welche den vierten Theil von 2000 Pfd. oder 500 Pfd. beträgt. Diese 500 Pfd. wären nun noch durch die Winde im Gleichgewicht zu erhalten; nach Früherm ist aber bekannt, daß bei der Winde die Kraft zur Last sich verhält, wie der Halbmesser der Welle zur Länge des Kurbelarms; der Halbmesser der Welle beträgt aber den sechsten Theil von der Länge des Kurbelarms, und es wird also auch die zum Gleichgewicht nöthige Kraft nur den sechsten Theil der Last oder den sechsten Theil von 500 Pfd., was $83\frac{1}{3}$ Pfd. beträgt, ausmachen dürfen.

Bei dem in Fig. XIV. angenommenen Beispiel, ein schweres Geschützrohr R auf die Brustwehr zu bringen, kann man zuerst an die Futtermauer durch Anlegung von langen Balken sich eine schiefe Ebene formiren, hierauf die dort schon angegebene Zugrolle a, oder auch mit noch mehr Vortheil für die Kraft einen Flaschenzug und zuletzt noch bei P eine Erdwinde anbringen. Nehmen wir nun an, bei der schiefen Ebene wäre die Höhe 30 Fuß, die Länge aber 50 Fuß, so wird man durch sie allein die Kraft auf $\frac{30}{50}$ oder $\frac{3}{5}$ der Last herabbringen; wäre das Geschützrohr 56 Ztr. oder 6160 Pfd. schwer, so würde, um es auf der schiefen Ebene im Gleichgewicht zu erhalten, eine Kraft von $\frac{3}{5}$ mal 6160 oder von 3696 Pfd. erforderlich sein. Nun wird aber durch die Zugrolle a die Kraft wieder auf die Hälfte heruntergesetzt, und es können 3696 getheilt durch 2 oder 1848 Pfd. die Last mittelst der Rolle und schiefen Ebene im Gleichgewicht erhalten. Bringen wir nun ferner bei P eine Erdwinde an, bei welcher der Halbmesser der Welle 8 Zoll, die Länge des Schiebebaums aber 8 Fuß oder 96 Zoll beträgt, so ist, weil 8 der 12ste Theil von 96, auch nur der 12te Theil der Last von 1848 Pfd. oder 154 Pfd. Kraft nöthig, um bei der angegebenen Zusammensetzung der Maschinen ein 56 Ztr. schweres Geschützrohr im Gleichgewicht zu erhalten.

Eine ebenfalls sehr vielseitige Anwendung, als zusammengesetzte Maschine, hat das Wellrad. Man nennt allgemein alle Maschinen, die aus mehreren Räder bestehen, ein Räderwerk; um die Räder unter sich leichter zu verbinden und die Bewegung des einen von dem andern abhängig zu machen, versieht man sie mit Zähnen, welche gegenseitig in einander greisen. Stehen diese Zähne auf der hohen Kante oder Stirn des Rades (auf der Peripherie), so nennt man sie Stirn-Räder; stehen hingegen die Zähne an der Seitenfläche längs der Peripherie, so heißen sie Kamm-Räder. Zunächst greift in ein Stirn- oder Kamm-Rad ein kleineres ein, welches, wenn es mit der Welle, an der es sitzt, aus einem Stück besteht, Drilling, wenn es aber aus zwei Scheiben, die durch abgerundete Stäbe (Triebstöcke) verbunden sind, zusammengesetzt ist, Getriebe genannt wird. Zuweilen ist auch die hohe Kante der Räder schief abgeschnitten, und auf dieser schiefen Fläche stehen die Zähne, man nennt sie dann konische Räder. Um bei einem Räderwerk die zum Gleichgewicht nöthige Kraft zu bestimmen, kann man sich des beim Wellrade entwickelten Gesetzes bedienen, indem man auf die Weise verfährt, wie allgemein für alle zusammengesetzten Maschinen bereits angegeben. Es giebt aber hier noch einen andern Weg, welcher auf Ermittelung der Geschwindigkeit von Kraft und Last beruht, wo die Kraft leichter zu finden ist, indem, wie früher beim Hebel angegeben, sich Kraft zur Last im Gleichgewicht auch verhält, wie umgekehrt ihre Geschwindigkeit. Betrachten wir Fig. XXXIII., wo B ein Stirn-Rad, an dessen Welle A die Last Q von 800 Pfd. hängt, C einen Drilling vorstellt, der in das Stirn-Rad greift, und welcher durch die Kurbel CD in Bewegung gesetzt wird, und setzen wir den Halbmesser der Welle 4 Zoll, den Halbmesser des Rades B aber 2 Fuß oder 24 Zoll an, so würde, wenn das Rad allein die Last im Gleichgewicht erhalten sollte, die Kraft den sechsten Theil von 800 Pfd. oder 133⅓ Pfd. betragen, weil 4 Zoll der sechste Theil von 24 Zoll sind.

Nehmen wir nun an, das Rad B hätte 48 Zähne, der Drilling C aber nur 12, so ist deutlich, daß, wenn das Rad einmal herumgeht, der Drilling vier Umläufe vollendet haben wird, da ein Zahn des Drillings auch immer nur einen Zahn des Rades fortschiebt; es verhält sich also die Geschwindigkeit beider gegen einander wie 1 zu 4, und die Kraft zur Erhaltung des Gleichgewichts wird deshalb durch den Drilling auf den vierten Theil herabgesetzt, so daß sie nun 133⅓ getheilt durch 4 oder 33⅓ Pfd. beträgt. Es sei nun noch der Kurbelarm von C bis D dreimal länger, als der Halbmesser des Drillings, so wird durch die Kurbel die Kraft zur Erhaltung des Gleichgewichts abermals auf den dritten Theil heruntergebracht und darf jetzt nur noch $33\frac{1}{3}$ getheilt durch 3 oder $11\frac{1}{9}$ Pfd. groß sein.

Wie man, wenn noch mehrere Räder in einander greifen, verfahren muß, leuchtet aus dem Vorstehenden wohl ein, doch möge noch ein Beispiel zur Erläuterung folgen. In Fig. XXXIV. sei der Halbmesser des Rades A 6 Zoll, der Welle a aber 3 Zoll, so wird für dieses Rad die Kraft, welche eine Last Q von 1000 Pfd. im Gleichgewicht erhält, 1000 getheilt durch 2 oder 500 Pfd. betragen müssen.

Nun habe das Rad A 24 Zähne, der Drilling b aber 4 Stöcke, so ergiebt sich für das Gleichgewicht, wenn der Drilling b noch mitwirkt, eine Kraft von 500 Pfd. getheilt durch 6 oder $83\frac{1}{3}$ Pfd.

Nehmen wir an, das Rad B habe 20 Zähne, der Drilling c aber 5, so erhalten wir weiter eine Kraft von $83\frac{1}{3}$ getheilt durch 4 oder von $20\frac{5}{6}$ Pfd., die jetzt zur Erhaltung des Gleichgewichts nöthig ist.

Es sei weiter das Rad C mit 12 Zähnen, der Drilling d aber mit 4 versehen, so erhalten wir für die Kraft jetzt $20\frac{5}{6}$ Pfd. getheilt durch 3 oder $6\frac{17}{18}$ Pfd.

Endlich sei der Halbmesser des letzten Drillings d 4 Zoll, die Länge des Kurbelarms 8 Zoll, so ergiebt sich für die zuletzt zum Gleichgewicht nöthige Kraft P ein Gewicht von $6\frac{17}{18}$ Pfd. getheilt durch 2 oder von $3\frac{17}{36}$ Pfd.

Eine einfache Ueberlegung zeigt, daß wir zu demselben Resultate gekommen wären, wenn wir, statt für jedes Zahnrad und jeden Drilling eine besondere Proportion aufzusetzen, gleich die Anzahl Zähne aller Räder mit dem Halbmesser des ersten Rades A und der Länge des Kurbelarmes multiplizirt, eben so die Zähne aller Drillinge mit der Last und den Halbmesser der Welle a und des letzten Drillings d multiplizirt und das letzte Produkt durch das erste dividirt hätten; denn es giebt 24 mal 20 mal 12 mal 6 mal 8 zum Produkte 276480; und 4 mal 5 mal 4 mal 1000 mal 3 mal 4 giebt zum Produkt 960000; wird dies letztere Produkt aber durch das erstere getheilt, so erhält man, wie oben, $3\frac{17}{36}$ Pfd.

Man richtet bei Räderwerken die Zahl der Zähne zu der Zahl der Stöcke des eingreifenden Getriebes immer so ein, daß die kleinere in der größern nicht ohne Rest enthalten ist; dies geschieht deshalb, daß nicht immer ein Triebstock des Getriebes auf ein und denselben Zahn des Rades trifft, sondern eine beständige Abwechselung statt findet, weil dadurch kleine Fehler in der Form der Zähne oder Triebstöcke sich nach und nach von selbst ausgleichen und keine Störung in der Maschine hervorbringen, was im entgegengesetzten Falle vorkommen könnte.

Eine der wichtigsten Anwendungen finden die Räderwerke bei den sogenannten Uhrwerken; es ist hier nicht der Ort, die detaillirtere Beschreibung dieser Maschinen zu liefern, doch wird die Art der Anwendung von Räderwerken zur Zeitbestimmung ersichtlich, wenn wir uns denken, ein Rad, welches 240 Zähne hat, greife in einen Drilling von 4 Zähnen, dann wird letzterer genau 60 mal herumgehen, wenn das Rad einen Umlauf vollendet hat; setzen wir nun mit der Axe des Drillings einen Zeiger in Verbindung, welcher auf einer runden Scheibe, deren Peripherie in 60 gleiche Theile getheilt ist, herum läuft, und geben wir dem Rade durch eine Kraft eine so geregelte Bewegung, daß es genau in einer Stunde einen Umlauf vollendet, so wird der Zeiger am Drilling genau den 60sten Theil einer Stunde oder eine Minute anzeigen; man hat also auf die Art eine Uhr, welche Minuten angiebt. — Es kann nach dem bisher Vorgetragenen nicht schwer sein, die Räderzusammenstellung sich zu versinnlichen, wenn Stunden, Minuten, Sekunden ꝛc. angezeigt werden sollen. Die Hauptsache bei einem Uhrwerk bleibt aber immer die Regulirung der Bewegung, und diese ist es, welche die Anfertigung der Uhren zu einer Kunst erhebt, die sehr schwer auszuüben.

Wir haben in der ausübenden Artillerie bereits jetzt einige Räderwerke im Gebrauch, bei dem Hebezeuge neuer Art und bei der Geschützwinde; in den Werkstätten aber finden wir sie wiederholt an den Drehbänken ꝛc. in Anwendung. Von großem Vortheil müßte die Benutzung derselben bei den sogenannten Mischfässern oder Satzdrommeln, deren man sich jetzt zur Mischung der Feuerwerkssätze in den Laboratorien bedient, sein, und zwar hier in doppelter Richtung, einmal als Erleichterung und zur Regulirung der Arbeit, das andere mal zur Zeitbestimmung. Die Erfahrung zeigt, daß es dem Arbeiter am leichtesten wird, wenn er im Durchschnitt etwa alle Secunden eine Umdrehung am Milchfaß, also in der Minute 60 Umdrehungen macht, und in der That ist er auch sehr dazu geneigt, wenn nicht fortwährende Aufsicht dabei ist, so schnell zu drehen; diese Geschwindigkeit ist aber für die gute Mischung des Satzes zu groß, es ergiebt sich vielmehr eine Geschwindigkeit von 30 Umdrehungen in der Minute als die zweckmäßigste; um nun beides zu vereinen, wird es nur nöthig sein, an die Axe des Fasses ein Rad, an die Axe der Kurbel aber einen Drilling anzubringen und dem Drillinge halb so viel Triebstöcke zu geben, als das Rad Zähne hat. Die Innigkeit der Mischung zu bestimmen, wendet man bisher das Zeitmaaß an, indem man den Satz im Ganzen eine bestimmte Anzahl Stunden drehen läßt; es ist klar, daß wenn nicht beständige Aufsicht dabei ist, theils eine Ungleichförmigkeit im Drehen, theils selbst bei faulen Arbeitern ein Stillstand in der Arbeit eintreten kann, ohne daß man es erfährt; bringt man dagegen mit dem Faß eine einfache Uhr, welche die Umdrehungen zählt und auf einem Zifferblatt anzeigt in Verbindung, und richtet sie so ein, daß sie zum Verschließen ist und das Zifferblatt nur von dem Aufseher, welcher den Schlüssel bei sich führt, beobachtet werden kann, so ist eine Täuschung auf keine Weise möglich; der Satz wird immer gleichförmig gemischt, weil immer dieselbe Anzahl Umdrehungen gemacht werden, und die Geschwindigkeit ist dabei nach der obigen Annahme so, daß die Arbeiter wohl weniger aber nie mehr als 30 Umdrehungen in der Minute machen werden, was nach allen Erfahrungen nur vortheilhaft ist.

Es ist nicht schwer, die Uhr selbst so einzurichten, daß sie, sobald die bestimmte Anzahl von Umdrehungen vollendet ist, den Drilling von selbst aus dem Rade hebt und so das Faß zur richtigen Zeit zum Stillstehen bringt, der Arbeiter mag noch so lange fortdrehen.

Eine andere Anwendung der Räderwerke für militärische Zwecke finden wir in den sogenannten Schrittzählern für Menschen und Pferde, die so eingerichtet sind, daß durch das Fortsetzen eines Fußes, welcher mit der Maschine durch einen

Riemen in Verbindung gesetzt ist, das Räderwerk selbst in Bewegung gesetzt wird. Die Räder und Drillinge sind dabei der Art zusammengestellt, daß verschiedene Zeiger die Einer, Zehner, Hunderte und Tausende der zurückgelegten Schritte auf Zifferblättern anzeigen.

Man pflegt zuweilen, wie in Fig. XXXV., zur Bewegung eines Zahnrades eine Schraube anzuwenden, deren Gewinde in die Zähne eingreifen und so beim Herumdrehen das Rad vorwärts schieben; die Schraube heißt dann eine Schraube ohne Ende, und es hat diese Zusammenstellung den Vortheil, daß die Bewegung sehr gleichförmig geschieht. Die Bestimmung des Kraftverhältnisses zur Last für das Gleichgewicht ist auch hier sehr leicht zu ermitteln, denn es ist einleuchtend, daß die Schraube nur die Stelle eines Drillings von einem Zahn vertritt; nehmen wir also an, die Länge des Kurbelarmes D sei 4 mal größer, als der Halbmesser der Welle C, so wird durch die Winde C schon die Kraft auf den vierten Theil der Last herabgesetzt werden. Wenn nun das Rad A 25 Zähne hat, so wird die Schraube C, 25 mal herumgehen müssen, ehe das Rad einmal herumkömmt, und es wird dadurch die Kraft abermals auf den 25sten Theil der Last herabgesetzt, so daß also Gleichgewicht erhalten wird, wenn die Kraft P den 4 mal 25sten oder 100sten Theil der Last Q ausmacht.

Es scheint nicht nöthig, über die zusammengesetzten Maschinen mehr Beispiele anzuführen, da es leicht ist, die angegebenen Grundsätze auf jede Zusammensetzung anzuwenden. Der Satz, daß sich im Stande des Gleichgewichts Kraft zur Last verhält, wie umgekehrt die Wege, welche beide in gleicher Zeit zurücklegen, oder, was gleichbedeutend ist, wie ihre Geschwindigkeiten, giebt uns ein Mittel an die Hand, bei jeder Maschine, sie sei sehr einfach, oder außerordentlich zusammengesetzt, selbst wenn man ihre mechanische Zusammenstellung nicht kennt, wenn man nur im Stande ist, die Wirkung von Kraft und Last zu beobachten, das Verhältniß zwischen beiden im Zustande des Gleichgewichts zu finden. Man darf nämlich nur die Maschine in Bewegung setzen und die Wege messen, welche Kraft und Last in gleicher Zeit zurücklegen, so hat man das Verhältniß von beiden. Gesetzt, bei einer Maschine, von welcher Einrichtung sie auch sei, müßte, wenn die Last sich um einen Zoll bewegt, die Kraft einen Weg von 16 Zoll zurücklegen, ob dies nun in grader Linie, im Kreise, oder in irgend einer andern Richtung geschieht, ist gleichgültig, so wird eine Kraft der Last das Gleichgewicht halten, wenn sie den sechszehnten Theil der Last beträgt.

Somit wären die Gesetze der einfachen und demnächst der zusammengesetzten Maschinen entwickelt; es ist dabei aber immer vorausgesetzt worden, daß die Maschinen selbst ohne alle Schwere 2c. seien, daß überhaupt der Bewegung durchaus kein anderes Hinderniß in den Weg trete, als die zur Hervorbringung des Gleichgewichts bestimmten Kräfte. Bei der Ausübung treten aber nächst der Schwere des Materials, aus denen die Theile einer Maschine verfertigt, noch viele andere Umstände der Bewegung störend entgegen. Bevor wir uns zu diesem wenden, ist es nöthig, noch einige andere Betrachtungen vorauszuschicken, die uns den Weg zur Erläuterung jener Hindernisse bahnen, und durch welche wir in den Stand gesetzt werden, ihre Einwirkungen zu ermitteln.

Vom Schwerpunkt.

Die Schwere eines jeden beliebigen Theilchens eines Körpers wirkt lothrecht oder gegen den Mittelpunkt der Erde; es sind also die Richtungen der Schwere aller Theilchen parallel mit einander, und wenn man einen Punkt im Körper auffinden kann, der so liegt, daß, wenn man ihn lothrecht durch diesen Punkt in zwei Theile zerlegt, diese Theile immer gleich viel Masse haben, so wird der Körper in diesem Punkte unterstützt, im Gleichgewicht bleiben. In diesem Punkte kann man sich die ganze Schwere des Körpers vereint denken, denn in der That wird auch die Unterlage, welche den Körper in demselben unterstützt, die ganze Schwere des Körpers zu tragen haben; man nennt diesen Punkt deshalb den Schwerpunkt oder Mittelpunkt der Schwere. Diesen Schwerpunkt hat jeder Körper, nur ist es bei den mannigfachen Formen, welche vorkommen können, oft schwer ihn aufzufinden. Die Erfahrung allein führt hier zum sichern Resultat, und wenn man sich erinnert, daß die Schwere immer lothrecht oder nach dem Mittelpunkt der Erde wirkt, so finden wir darin ein Mittel, den

Schwerpunkt der Körper zu finden; denn, wenn man einen Körper an einem Faden frei aufhängt, dann muß sein Schwerpunkt immer in der verlängerten Richtung dieses Fadens liegen; geschieht dies Aufhängen an zwei verschiedenen Punkten und man hat sich die jedesmaligen Verlängerungen des Fadens am Körper bemerkt, so wird der Durchschnittspunkt dieser beiden Linien den Schwerpunkt geben.

Wenn der Körper durchaus von gleicher Dichtigkeit ist, so kömmt der Schwerpunkt mit dem Mittelpunkt seiner Größe überein, und ist hierbei die Gestalt noch eine regelmäßige, so läßt sich der Schwerpunkt sehr leicht finden. Er kann auch außerhalb der Masse des Körpers fallen; z. B. bei einem aus gleich dichten Materien gearbeiteten Ring wird er im Mittelpunkt desselben bei einem eben solchen hohlen Cylinder im Halbirungspunkte der Axe liegen, d. h. wenn man im ersten Fall einen feinen Faden in der Richtung des Durchmessers im zweiten Fall einen eben solchen Faden in der Richtung der Axe befestigt und diese Fäden in der Mitte unterstützt, so werden die Körper im Gleichgewicht bleiben.

Da der Schwerpunkt, als Vereinigung der Schwere, immer die niedrigsten Stellen zu erreichen strebt, so wird auch ein Körper, wo der Schwerpunkt nicht so unterstützt ist, daß jede Bewegung abwärts verhindert ist, nicht in seiner Lage bleiben, sondern umfallen. Wenn deshalb ein Körper A, Fig. XXVI., so auf der Ebene CD steht, daß die Richtung der Schwere ab oder eine Lothrechte vom Schwerpunkt außerhalb der Grundfläche des Körpers fällt, so hat die Schwere keine Unterstützung, und der Körper muß fallen, wobei der Schwerpunkt frei seiner Neigung abwärts folgen kann, indem der Bogen ac, den er beschreibt, abwärts führt.

Der Körper B, wo die Lothrechte ab vom Schwerpunkt noch in die Grundfläche des Körpers fällt, wird in seiner Lage bleiben und nicht fallen, was auch schon aus der Richtung des Bogens ac hervorgeht, in welchen der Schwerpunkt sich beim Fallen bewegen müßte und welcher hier anfänglich in die Höhe steigt, eine Richtung, die der Wirkung der Schwere ganz entgegengesetzt ist. Wenn man die beiden Körper A und B vergleicht, so ergiebt sich, daß ihre Lage ganz gleich, eben so ihre

Höhe, daß hingegen die Grundflächen verschieden sind, und man ersieht hieraus, daß große Grundflächen zum sichern Stande der Körper das Meiste beitragen. Auf den eben entwickelten Gesetzen beruht es, daß Gebäude, besonders Thürme (Pisa, Frankenstein in Schlesien ꝛc.) eine schiefe Lage haben können und dennoch nicht zusammenstürzen. Es ist bei solchen Gebäuden um so eher erreichbar, ihnen eine schiefe Stellung zu geben, als sich nach oben zu alle Theile verjüngen, und dadurch eben leichter werden, so daß der Schwerpunkt des ganzen Bauwerks sehr tief nach unten fällt; giebt man ihm nun noch eine verhältnißmäßig große Basis, so wird er selbst bei einer sehr merklich schiefen Stellung nicht fallen. Wenn man Fahrzeuge, Wagen mit vielen Gegenständen von verschiedener Schwere zu beladen hat, so daß sie eine bedeutende Höhe einnehmen, ist es durchaus nöthig, die schwerern Gegenstände nach unten zu legen, damit der Schwerpunkt möglichst niedrig kommt, weil dadurch das leichte Umwerfen verhindert wird. Ferner werden breite Gleise dem Umwerfen aus oben angegebenem Grunde vorbeugen u. s. w.

Wird ein Körper durch irgend eine Kraft, die nicht in der Richtung des Schwerpunktes wirkt, in Bewegung gesetzt, so entsteht im Körper selbst, während er der ihm mitgetheilten Bewegung folgt, eine andere Bewegung um seinen Schwerpunkt, und letzterer ist es eigentlich, welcher die Bahn der Körper bei seiner Bewegung angiebt. Solcher Art ist das Rottiren abgeschossener Kugeln, und es ist begreiflich, daß, wenn bei solchem Körper Schwerpunkt und Mittelpunkt der Größe nicht zusammenfällt, die Bahn nie genau in der Richtung liegen wird, welche durch die Wirkung der bewegenden Kraft angegeben, woraus die Nothwendigkeit hervorgeht, beim Schießen, namentlich mit größern Kugeln und besonders mit Hohlgeschossen, die Lage des Schwerpunktes derselben gegen den Mittelpunkt der Größe zu berücksichtigen.

Da nun die Theile der Maschinen aus Materialien gefertigt werden, die eine gewisse Schwere haben, so ist einleuchtend, daß bei ihrer Anwendung die Gesetze des Schwerpunktes ebenfalls in Betracht gezogen werden müssen, um sich ihrer Wirkung zu versichern. Wir wollen versuchen, an einigen Beispielen die Wirkungen des Schwerpunktes bei Bewegung von Lasten zu erläutern, woraus sich dann ohne Mühe das Weitere wird folgern lassen.

Fig. XXXVII. stelle eine Zugbrücke vor, deren Aufzug AB durch das Gewicht P, was an ein über die Rolle C gehendes Tau befestigt ist, bewegt werden soll. Wenn der Aufzug AB durchgängig von gleicher Dichtigkeit, so wird sein Schwerpunkt in der Mitte bei D liegen, wo wir uns also die ganze Schwere desselben vereint denken können; wirkt nun das Tau in der Richtung CB, so erhalten wir, wenn wir von dem Unterstützungspunkte A nach der Richtung der Kraft die senkrechte Linie AF ziehen, einen Hebel, bei welchem sich Kraft zur Last verhält wie AD zu AF.

Es ist aber dieses Verhältniß nur im ersten Augenblick der Kraftwirkung richtig, und es wird in jedem nächsten Zeittheil, wo der Aufzug höher kommt, auch verändert; ist z. B. die Stellung AB′ erfolgt, so wird AE der Hebelsarm der Last, AG der Hebelsarm der Kraft sein, und es verhält sich jetzt Kraft zur Last wie AE zu AG.

Nun ist aber AE kleiner als AD, AG aber größer als AF; woraus hervorgeht, daß die Kraft P in dieser Stellung von AB′ geringer sein kann als in der ersten Lage AB oder beim Anfange der Bewegung; es ist begreiflich, daß der Hebelsarm der Kraft fortwährend zunehmen wird, je höher AB steigt und der Hebelsarm der Last dagegen immer kleiner wird, bis zuletzt, wo AB eine senkrechte Stellung einnimmt, AB selbst den Hebelsarm der Kraft bildet, während der Hebelsarm der Last Null wird; daraus folgt aber, daß, wenn man ein Gewicht P zur Bewegung von AB anwendet, der Aufzug AB zuletzt mit großer Gewalt gegen die Pfosten H schlagen wird; um dies zu vermeiden, ist es nöthig, die Kraft P so einzurichten, daß ihre Wirkung verhältnißmäßig abnimmt, je höher AB gezogen wird. Dies erreicht man dadurch, daß man das Gewicht P auf einer gebogenen Bahn GI laufen läßt, die anfänglich steil sich immer mehr der horizontalen Lage nähert, bis sie am Ende selbst in den Horizont ausläuft, wodurch das Gewicht P, anfänglich mit seiner ganzen Schwere wirkend, nach und nach, je tiefer es kommt, desto mehr an Kraft verliert, bis endlich, wenn es in den horizontalen Theil seiner Bahn angelangt, seine

Schwerkraft ganz zu wirken aufhört. Die Konstruktion des Bogens GH lehrt die Geometrie, und es ist begreiflich, daß sie auf der Veränderung der Hebelsarme AD und AF beruht. Man nennt eine solche Linie Sinusoide.

Das gewählte Beispiel zeigt, welchen Einfluß der Schwerpunkt bei veränderter Stellung der Theile einer Maschine äußert und wie auf seine Lage bei Bestimmung des Kraftverhältnisses sehr Rücksicht genommen werden muß.

Einen wesentlichen Einfluß äußert auch bei einer Waage die Lage des Schwerpunktes vom Waagebalken gegen den Unterstützungspunkt. Die beste Einrichtung ist die, wo der Unterstützungspunkt mit dem Schwerpunkt des Balkens zusammenfällt. Liegt er unter demselben, wie in Fig. XXXVIII. A, wo a den Unterstützungspunkt, c den Schwerpunkt vorstellt, so gehört schon eiue bedeutende Kraft dazu, den Schwerpunkt in die Höhe zu bringen, weil er bei Bewegung der Waage in den verzeichneten Bogen aufwärts steigen muß, eine Bewegung, die seiner Natur zuwiderläuft, weshalb eine solche Waage nothwendig faul sein muß und zum genauen Wägen durchaus nicht taugt. Liegt der Schwerpunkt über dem Unterstützungspunkt wie in B, so wird er durch das geringste Uebergewicht an einer Seite der Waage sogleich in deu abwärtsgehenden Bogen sich bewegen und nur mit Mühe wieder zurückgebracht werden können; eine Waage der Art ist fast gar nicht zu brauchen, da sie nicht so leicht ins Gleichgewicht gebracht werden kann, indem ein beständiges Sinken nach einer oder der andern Seite erfolgt, sobald der Schwerpunkt nur um das Geringste aus der durch den Unterstützungspunkt gehenden Vertikal-Ebene herausgebracht wird. — Auf denselben Gründen beruht auch zum großen Theil die Erscheinung des vermehrten Buckens bei Geschützröhren, welche versenkte Schildzapfen haben ꝛc. — Beim Infanteriegewehr ist es wichtig, dasselbe, wenn der Mann damit im Anschlage liegt, im Schwerpunkt mit der linken Hand zu unterstützen, weil es dadurch am sichersten liegt. Es darf deshalb der Schwerpunkt nie zu weit nach vorn gelegt werden; bei dem preußischen Infanteriegewehr liegt er 2 Fuß 3¼ Zoll vom Kolben entfernt.

Es lassen sich durch Veränderung des Schwerpunktes viele sehr auffallende physikalische Experimente ausführen, wohin die

Gaukelmänner, Sägemänner, die auf einer schiefen Ebene aufwärts gehenden Räder und Doppelkegel ꝛc. gehören; sie werden nach dem hier Gesagten alle leicht zu erklären sein.

Von der Reibung (Friktion).

Die **Reibung** bildet ein Hinderniß bei allen Maschinen, und sie nebst andern Ursachen ist es, welche die oben angegebenen Grundgesetze der Berechnungen für das Kraftverhältniß immer in etwas verändert. Fest bestimmte Gesetze sind für die Reibung noch nicht ausgemittelt, doch hat man eine Reihe von Versuchen angestellt, welche Erfahrungssätze geliefert, die bei den Berechnungen mit Vortheil benutzt werden können. Die Reibung entsteht dadurch, daß kein Körper vollkommen **dicht** ist, und selbst die am sorgfältigsten polirten Oberflächen von harten metallischen Körpern noch immer rauhe, aus Erhöhungen und Vertiefungen bestehende Oberflächen besitzen; will man nun solche Körper A und B, Fig. XXXIX., über einander fort bewegen, so greifen die Erhöhungen der Oberfläche a b in die Vertiefungen der Oberfläche c d ein, und man hat nun außer der Schwere der Körper auch noch diese Unebenheiten zu überwinden, die entweder ganz abgebrochen oder niedergedrückt werden müssen, oder ein beständiges Steigen und Fallen des bewegenden Körpers verursachen. Der durch diese rauhen Oberflächen entstehende Widerstand ist die **Reibung** oder **Friktion**. Wenn man die Wirkung der Friktion nach der eben gegebenen Erklärung näher betrachtet, so zeigt sich, daß sie am einfachsten mit dem Eingreifen der Zähne an einem Räderwerk in einander verglichen werden kann; es ist aber begreiflich, daß solches Eingreifen am leichtesten durch eine drehende Bewegung geschieht, weil dabei die Erhabenheiten aus den Vertiefungen allmählig ausgehoben werden und kein Niederdrücken oder Abbrechen derselben nöthig wird, wie es doch bei der gleitenden Bewegung erforderlich ist. Aus dieser Ansicht geht der **erste wichtige Grundsatz** für Bestimmung der **Reibung** hervor, nämlich: **Die Reibung ist bei einer rollenden oder drehenden Bewegung immer kleiner als bei einer gleitenden.** Man kann durch Benutzung dieses Grundsatzes sich für die bewegende Kraft mancherlei Vortheile verschaffen, und man findet die Anwendung desselben auch bei der Ausübung der Mechanik oft, wie z. B. bei Bewegung von bedeutenden Lasten dicht über der Erde weg, wo man die gleitende Bewegung derselben durch Ueberlegung von Walzen in eine rollende verwandelt. An vielen Maschinen, wo eine gleitende Bewegung unvermeidlich ist, sucht man die Reibung durch angebrachte Rollen B, C, Fig. XL., zu vermindern; zwischen diesen Rollen läuft der Körper A, und man nennt solche Rollen Friktionsrollen. Selbst bei drehenden Bewegungen läßt sich die Friktion auf ein fast unbedeutendes Minimum zurückbringen, wenn man die Zapfen der Wellen auf Friktionsrollen laufen läßt, wie z. B. in Fig. XLI., wo der Zapfen A auf den beiden Rollen B und C läuft; doch ist diese Einrichtung nur bei sehr kleinen Maschinen anwendbar, weil eine sehr solide und feste Lage für die Friktionsrollen nöthig ist, wenn sie für diesen Fall Vortheil bringen sollen.

Wenn zwei auf einander sich bewegende Flächen in ihren Unebenheiten ganz gleiche Form haben, so ist begreiflich, daß sie dann auch weit inniger in einander greifen und eben dadurch fester an einander hangen werden; sind die Unebenheiten von ungleicher Form, so können sie nicht so genau in einander greifen, und der Zusammenhang ist nicht so stark. Aus dieser Ansicht entwickelt sich ein zweites Grundgesetz für die Friktion, nämlich:

Die Reibung wird vermehrt, wenn gleichartige Materien, vermindert, wenn ungleichartige auf einander wirken.

Man beobachtet diesen Grundsatz beim Maschinenbau sehr genau, indem man namentlich bei Zapfen und ihren Lagern beide immer von verschiedenen Stoffen macht. Es sind über diesen Gegenstand mannigfache Versuche angestellt worden, wobei man die Reibung in Theilen der auf die Zapfenlager drükkenden Last ausdrückt, und den Bruch, welcher die Größe der Reibung angiebt, den Reibungscoeffizienten nannte. Die bekanntesten Reibungscoeffizienten sind folgende:

Bei Eichenholz auf Eichenholz 0,42
Bei Eichenholz auf Fichtenholz 0,65
Bei Eichenholz auf Guayac-Holz, Lignum sanctum 0,59

Bei Eichenholz auf Ulmen oder Rüstern .	0,50	
Bei Fichtenholz auf Fichtenholz . . .	0,56	
Bei Rüsternholz auf Rüstern . . .	0,47	
Bei Buchsbaum auf Lignum sanctum . .	0,43	bis 0,77
Bei Buchsbaum auf Ulmenholz . . .	0,35	— 0,50
Bei Eisen auf Eichenholz	0,20	— 0,27
Bei Kupfer auf Eichenholz	0,18	
Bei Eisen auf Ulmenholz	0,50	
Bei Eisen auf Eisen	0,28	
Bei Eisen auf Messing	0,26	

Wenn man die Flächen, welche sich auf einander reiben, mit einem Ueberzug versieht, der die Unebenheiten zum Theil ausgleicht, so wird die Reibung vermindert.

Dies geschieht bei den Maschinen durch das Einschmieren. Es ist bei der Wahl der Schmiere aber darauf zu sehen, daß sie bei weniger dichten Körpern, wo die Unebenheiten größer sind, zäher, als bei mehr dichten Körpern, wo sie flüssiger sein muß, um ihren Zweck zu erfüllen, und man nimmt deshalb gern bei hölzernen Zapfen zähe minder flüssige Substanzen, als Fett, Seife, Theer ꝛc., bei Metallen aber flüssige Oele; in neuerer Zeit hat sich sehr fein geriebener und geschlemmter Graphit (Reißblei) als ein vorzügliches Mittel zur Verminderung der Reibung, besonders bei größern Maschinen, gezeigt. Durch Einschmieren kann die Reibung zu $\frac{1}{2}$ bis zu $\frac{1}{4}$ der ursprünglichen Größe herabgebracht werden.

Versuche haben gelehrt, daß bei der gleitenden Bewegung die Größe der Reibung durchaus nicht von der Größe der reibenden Fläche, sondern nur von dem Gewicht des ganzen Körpers abhängt und daß es z. B. bei einem Parallelepipedum gleich ist, ob eine kleinere oder eine größere Seitenfläche aufliegt.

Bei der rollenden Bewegung, z. B. von Lasten, die auf Walzen fortgeschafft werden, steht die Größe der Reibung im graden Verhältniß mit der Last, im umgekehrten mit dem Durchmesser der Walzen, so daß also größere Walzen eine geringere Reibung verursachen.

Bei der Bewegung eines Zapfens in einem Zapfenlager steht die Reibung in gradem Verhältniß zum

Radius des bewegten Körpers, weil man sie hier als eine Last ansehen kann, die von dem Radius als Hebel überwunden wird. Wenn z. B. in Fig. XLII. ein Rad mit seinen Zapfen in einer Pfanne liegt, so kann man sich die Reibung in dem Punkte b als Last vereint denken und c a als Hebel betrachten, bei welchem a der Unterstützungspunkt, a b der Hebelsarm der Last und a c der Hebelsarm der Kraft ist.

Wäre der Zapfen von Eisen und das Lager von Messing, so ist der Reibungscoeffizient nach umstehender Tabelle 0,26, und es würde dann, setzt man a b oder den Halbmesser des Zapfens 1 Zoll, a c oder der Halbmesser des Rades aber 1 Fuß oder 12 Zoll, die Reibung sich zu 0,26 der ganzen Last verhalten wie 1 zu 12. Man wird sie also finden, wenn man die Last mit 0,26 und 1 multiplizirt und das Produkt durch 12 theilt.

Nehmen wir nun an, daß mit diesem Rade eine Last von 100 Pfd. bewegt werden soll, so würde zunächst die Kraft zu bestimmen sein, welche diesen 100 Pfd. das Gleichgewicht hält, und diese beträgt hier nach dem bekannten Gesetz für das Rad an der Welle den zwölften Theil der Last, oder $\frac{100}{12}$ was 8,333 Pfd. beträgt.

Nehmen wir die Schwere des Rades 30 Pfd. an, so wird der ganze Druck auf die Zapfenlager 100 Pfd. Last, ferner 8,333 Pfd. Kraft und 30 Pfd. — Gewicht der Maschine — oder 138,333 Pfd. betragen.

Diese Zahl giebt nun die ganze Last an, welche auf das Zapfenlager drückt, und man wird also die Reibung erhalten, wenn man 138,333 Pfd. mit dem Reibungscoeffizienten 0,26 multiplizirt und das Produkt durch 12 theilt, was für das angenommene Beispiel 2,997 Pfd. beträgt.

Diese Reibung zu der oben gefundenen Kraft für das Gleichgewicht gerechnet, giebt die Kraft an, welche mit einem kleinen Ueberschuß die Maschine in Bewegung zu setzen im Stande ist; sie wird also in dem gewählten Beispiele 8,333 und 2,997 Pfd. oder 11,33 Pfd. betragen.

Aus vorstehendem Beispiele ist ersichtlich, auf welche Art man die Reibung bei Maschinen mit in Anschlag bringen muß.

Mit der Geschwindigkeit einer Bewegung nimmt die Reibung zu, weil der Widerstand, den sie leistet, hier eben mit mehr Geschwindigkeit überwunden werden muß; das Verhältniß, in welchem die Reibung mit der Geschwindigkeit zunimmt, ist jedoch keinesweges genau ermittelt; nach den Versuchen des Vince scheint die Reibung bei der Bewegung eine gleichförmig verzögernde Kraft zu sein.

Die Zeit, welche Körper mit ihrer Schwere auf einander einwirken, hat endlich auch noch Einfluß auf die Reibung, und es scheint hierbei die Adhäsion das Ihre zu thun. Bei einem Versuch mit einem Körper von 1650 Pfd., auf eine gleichartige Fläche gelegt, ergab sich, daß er am Anfang durch eine Kraft von 64 Pfd. bewegt werden konnte; nach Verlauf von 3 Sekunden waren 160 Pfd. erforderlich, und in Zeit von 6 Tagen mußte man schon 622 Pfd. anwenden. Es ist hieraus ersichtlich, wie den Maschinen, wenn sie lange unbenutzt stehen, durchaus kein Vortheil geschieht, vielmehr wird eine fortdauernde, die Festigkeit der Maschine nicht angreifende Bewegung derselben günstig auf sie einwirken.

Bei Körpern, die nicht über einander in ein und derselben Richtung sich fortwälzen, sondern wo eine Bewegung nach entgegengesetzer Richtung durch Hin- und Herwälzen in kurzen Abwechselungen statt findet, wie z. B. bei dem Balken einer Waage, dem Pendel einer Uhr rc., kann man die Reibung bedeutend vermindern, wenn man dem Theil, welcher die Last trägt — dem Zapfen — eine feine Schärfe giebt, ihn aber dabei von sehr hartem Metall anfertigt.

Um bei einer Maschine die Größe der Reibung praktisch zu erforschen, muß man ihr so viel Gewichte anhängen, bis sie, ohne daß man ihr eine Last zu überwinden giebt, eben in Bewegung geräht; man erhält auf diese Art die Stärke der Reibung beim Anfang der Bewegung. Fassen wir nun, was von der Reibung überhaupt ermittelt worden ist, zusammen, so besteht dies wesentlich in folgenden Punkten:

1. Die Reibung ist bei der gleitenden Bewegung durchaus größer, als bei der rollenden.
2. Härtere Körper äußern weniger Reibung, als weichere.
3. Ungleichartige Körper äußern bei der Wirkung auf einander weniger Reibung, als gleichartige. Stahl auf Messing giebt mit Berücksichtigung der Festigkeit der Materialien das vortheilhafteste Verhältniß.

4. Durch Dazwischenkunft einer verhältnißmäßig weichen oder flüssigen Substanz wird die Reibung bedeutend vermindert.
5. Die Reibung nimmt bei der Bewegung durch die Geschwindigkeit derselben zu; in der Ruhe wird sie durch die Dauer der Berührung außerordentlich vermehrt.

Bei Fahrzeugen bildet die Reibung der Räder auf dem Erdboden das wesentlichste Hinderniß für die Bewegung, und es steigt die Größe derselben noch, wenn man im schlechten Wege fährt, dadurch, daß die Räder eindringen und nun nicht allein die unteren Flächen der Felgen, sondern auch ihre Seitenflächen eine Reibung hervorbringen; dazu kommt noch, daß bei dem Eindringen der Räder der Boden vor denselben beständig niedergedrückt werden muß, was mit dem Aufsteigen des Rades auf eine schiefe Ebene verglichen werden kann, und es ist deshalb von Wichtigkeit, den Felgen eine nicht zu geringe Breite zu geben, damit sie nicht so leicht und tief in losen Boden eindringen.

Von der Steifheit der Seile oder Taue.

Die Steifigkeit oder Unbiegsamkeit der Taue bei Maschinen, wo solche angewendet werden, setzt ebenfalls der Kraft ein Hinderniß entgegen, welches da, wo die Taue vielfältig in Anwendung kommen, wie z. B. bei Flaschenzügen, von bedeutendem Einfluß ist. Den Grad der Einwirkung dieses Hindernisses auf die Bewegung der Maschinen hat man ebenfalls nur durch Versuche einigermaßen bestimmt, doch die vielen äußern Umstände, wie z. B. Feuchtigkeit, Trockenheit, Güte des Materials, Art der Bearbeitung desselben ꝛc., welche besonders bei Tauen so einflußreich, erlauben nicht eine genaue Berechnnng darüber anzustellen. Was über diesen Gegenstand wissenswerth, läßt sich allgemein auf folgende Punkte zurückführen:

1. Der Widerstand, welchen die Steifheit der Taue der Bewegung entgegensetzt, steht in gradem Verhältniß mit der ganzen drückenden Last und der Dicke der Taue, im verkehrten Verhältniß mit dem Durchmesser der Rolle oder der Winde, um welche sich das Tau aufwickelt; d. h. je größer überhaupt die Schwere der Maschine und die damit zu bewegenden Lasten sind, und je stärker die Taue, desto größer

wird der Widerstand sein, welchen die Steifheit der Taue äußert; je größer aber der Durchmesser der Rollen, Räder oder Wellen, über welche die Taue laufen, desto geringer wird der bewegte Widerstand sein; wenn also z. B. beim *Rad an der Welle* die statische Berechnung *dünne* Wellen als vortheilhaft für die Kraft ergab, so wird dies hier einige Modifikation in sofern erleiden, als man die Steifheit der Taue mit berücksichtigt und mit dem Durchmesser der Wellen nicht bis auf das Minimum geht.

2. Durch Versuche ist ermittelt worden, daß eine Last von 1 Pfd. auf einer Welle von 1 Zoll Durchmesser, an einem Taue von einer Linie Dicke hängend, durch die Steifheit einen Widerstand von 1 Loth leistet, welches also den 32sten Theil der Last beträgt; diesen Satz nimmt man als Fundament für die Berechnung an und bestimmt nun, mit Berücksichtigung der in 1 angegebenen Verhältnisse, darnach den Widerstand der Steifheit der Taue bei Maschinen. Nehmen wir z. B. an, daß an einer Welle von 8 Zoll Durchmesser ein Gewicht von 1600 Pfd. an einem Tau, welches 16 Linien dick ist, hängt, so wird sich die Rechnung folgendermaßen gestalten:

   Wenn das Tau nur 1 Linie dick wäre, so würde bei 1 Zoll starker Welle $\frac{1600}{32}$ oder 50 Pfd. der Widerstand desselben sein; da es aber 16 Linien dick, so beträgt derselbe bei 1 Zoll starker Welle 50. 16 oder 800 Pfd.; die Welle hat aber 8 Zoll im Durchmesser, weshalb der eigentliche Widerstand, welcher die Steifheit des Taues hier verursacht, $\frac{800}{8}$ oder 100 Pfd. beträgt.

3. Neue Taue werden größern Widerstand leisten, als alte, schon gebrauchte; eben so wird Feuchtigkeit einen großen Einfluß ausüben, weil dadurch die Steifheit bedeutend vermehrt wird.

Ob wir nun auch die Reibung und Steifheit der Seile als Hindernisse für die Bewegung der Maschinen aufgeführt haben, so giebt es doch Fälle, wo grade sie, Vortheil bringen, ja zur Bewegung selbst unumgänglich nöthig sind; so ist es bei einem Wellrade, wenn solches durch ein umgeschlungenes Tau ohne Ende in Bewegung gesetzt werden soll, nur die Reibung des Taues in der auf der hohen Kante oder Stirn des Rades angebrachten Hohlkehle, durch welche die Bewegung möglich wird; so bewirkt eben die Steifheit der Taue, daß man mit wenigen Umschlingungen ein Tauende an einen Pfahl, Balken ꝛc. so befestigen kann, daß die größte Gewalt nicht hinreicht es loszureißen ꝛc., was bei der Anwendung vieler Maschinen von wesentlichem Nutzen ist; so wird ferner beim Bergab-Fahren durch Anlegung des Hemmschuhes die rollende Bewegung der Rädrr in eine gleitende verwandelt und die Reibung vermehrt, um sicherer zu fahren; so beruht endlich das Festhalten von Gegenständen mit Zangen ꝛc. allein auf der Reibung.

Von dem freien Fall schwerer Körper.

Schon früher ist erwähnt worden, daß ein fallender Körper in jedem Augenblick seiner Fallzeit an Geschwindigkeit zunimmt, was durch die Wirkung der Schwere hervorgebracht wird. — Wir wissen aber, daß die Schwere eine unveränderliche Kraft ist, und deshalb ist auch klar, daß die Geschwindigkeit eines fallenden Körpers in einem Augenblick so viel zunehmen muß, als in dem andern, weshalb der Fall eines Körpers eine gleichförmig beschleunigte Bewegung sein muß.

Obgleich die Bewegung des Falles außerordentlich schnell ist, hat man doch Maschinen erfunden, woran diese Bewegung von Secunde zu Secunde beobachtet werden kann; die ersten und zugleich scharfsinnigsten und erfolgreichsten Versuche über diesen Gegenstand hat Gallilài — in der ersten Hälfte des 16ten Jahrhunderts — gemacht. Die von ihm gefundenen Resultate werden noch bis jetzt als richtig anerkannt und alle Berechnungen darauf begründet; sie bestehen in folgenden:

1. Bei jeder gleichförmig beschleunigten Bewegung nehmen die Wege zu, wie die Quadratzahlen der Zeiten, welche die Bewegung dauert; d. h. wenn wir den Weg eines fallenden Körpers in der ersten Secunde zu 15 Fuß annehmen, so wird sein zurückgelegter Weg in 3 Secunden 3 mal 3 mal 15 oder 9 mal 15 Fuß; nach 4 Secunden 4 mal 4 mal 15 oder 16 mal 15 Fuß; nach 5 Secunden 5 mal 5 mal 15 oder 25 mal 15 Fuß u. s. w. betragen.

2. Die Geschwindigkeiten verhalten sich wie die Zeiten, und man findet die Geschwindigkeit am Ende jeder Secunde, wenn man den doppelten Weg der ersten Secunde mit der Zeit multiplizirt; d. h. wenn ein Körper in der ersten Secunde 15 Fuß gefallen ist, so wird seine Geschwindigkeit am Ende der 2ten Secunde 2 mal 15 mal 2 oder 30 mal 2 Fuß; am Ende der 3ten Secunde 2 mal 15 mal 3 oder 30 mal 3 Fuß; am Ende der 4ten Secunde 2 mal 15 mal 4 oder 30 mal 4 Fuß u. s. w. betragen.

3. Aus beiden vorhergehenden Gesetzen folgt: daß die Wege auch wachsen wie die Quadrate der Geschwindigkeiten.

Wenn wir nach dem zweiten Grundsatz die Geschwindigkeit des Körpers nach Verlauf der ersten Secunde berechnen, so wird solche 2 mal 15 mal 1 oder überhaupt 2 mal 15 oder 30 sein. Nehmen wir nun an, daß der zurückgelegte Weg eines Körpers in der ersten Secunde 15 Fuß beträgt und seine Geschwindigkeit, wie eben angegeben, 30 Fuß, und wir wollen wissen, wie groß sein zurückgelegter Weg ist, wenn der Körper eine Geschwindigkeit von 120 Fuß hat, so müssen wir eine Zahl suchen, welche zu der 15 in demselben Verhältniß steht, wie das Quadrat von 120 oder 14400 zu dem Quadrat von 30 oder 900; 900 ist aber in 14400 genau 16 mal enthalten, deshalb muß auch die 15 in der zu suchenden Zahl 16 mal enthalten sein, oder wir finden die Zahl selbst, wenn wir 15 sechszehn mal nehmen, was hier 240 Fuß für den zurückgelegten Weg giebt. Wenn wir uns die Zahl 240 zergliedern, so sehen wir, daß sie aus 4 mal 4 mal 15 besteht, was nach dem ersten Gesetz für den freien Fall der Körper mit 4 Secunden Fallzeit übereinstimmt; zergliedern wir uns die Zahl 120, so besteht sie aus 2 mal 15 mal 4 oder 30 mal 4, welches nach dem zweiten Gesetz ebenfalls mit 4 Secunden Fallzeit übereinkommt, und wir sehen eben in dieser Uebereinstimmung zugleich eine Probe für die Uebereinstimmung in den 3 aufgestellten Gesetzen selbst.

Die hier aufgeführten drei Gesetze sind Resultate der Beobachtung, und es geht aus ihnen hervor, daß es nur nöthig ist, den Weg, welchen ein Körpar bei einer gleichförmig beschleunigten Bewegung in der *ersten Secunde* zurücklegt, zu kennen, um alle andern Umstände bei dieser Bewegung zu ermitteln. Diesen Weg hat man nun ebenfalls durch Versuche beim *freien Fall* der Körper bestimmt; er beträgt $15\frac{5}{8}$ Pariser Fuß; dadurch erhält man nun auch sogleich die Geschwindigkeit eines freifallenden Körpers am Ende der ersten Secunde, sie ist nämlich nach dem zweiten Gesetz 2 mal $15\frac{5}{8}$ oder $31\frac{1}{4}$ Pariser Fuß. Die eben angegebenen drei Gesetze enthalten die Fundamentalgesetze der gleichförmig beschleunigten Bewegung, und aus ihnen kann man alle vorkommenden Fälle der Art berechnen. Wir wollen das Verfahren dabei an einigen Beispielen erläutern.

1. Ein Körper hat 5 Secunden zugebracht, um von einem Thurm herabzufallen; es frägt sich, wie hoch ist der Thurm?

   Man wird hierzu das Grundgesetz 1. am bequemsten brauchen und nur nöthig haben, den in der ersten Secunde zurückgelegten Weg von $15\frac{5}{8}$ Fuß mit dem Quadrate der Zeit, oder 5 mal 5 zu multipliciren, und man erhält $15\frac{5}{8}$ mal 5 mal 5 oder $15\frac{5}{8}$ mal 25 oder $390\frac{5}{8}$ Fuß.

2. Wenn ein Körper von einem 300 Fuß hohen Punkt herabfällt, in welcher Zeit wird er den Weg zurücklegen, und mit welcher Geschwindigkeit wird er am Ende seiner Bahn ankommen?

Zur Beantwortung der ersten Frage wird das erste Grundgesetz ebenfalls recht bequem zu benutzen sein. Da wir nämlich wissen, daß der Weg, hier 300 Fuß, ein Produkt von $15\frac{5}{8}$ und dem Quadrate der Fallzeit ist, so hat man nur nöthig, 300 durch $15\frac{5}{8}$ zu theilen, um das Quadrat der Fallzeit zu erhalten. Man erhält hier 19,2; zieht man aus dieser Zahl die Quadratwurzel, so erhält man 4,381 Secunden für die gesuchte Fallzeit.

Die zweite Frage zu beantworten, dient das zweite Grundgesetz, nach welchem man die Geschwindigkeit erhält, wenn man den doppelten Fallraum der ersten Secunde oder 2 mal $15\frac{5}{8}$ mit der ganzen Fallzeit, hier 4,381, multiplizirt; man wird also 2 mal $15\frac{5}{8}$ mal 4,381 oder $\frac{125}{4}$ mal 4,381 oder 136,9 Fuß für die Geschwindigkeit erhalten.

Wenn man sich an die früher im Eingang zu diesem Werk entwickelten Gesetze über die Bewegung erinnert, so wird es leicht sein, diese, mit den eben erläuterten Lehren vereint, auf folgende Aufgabe anzuwenden.

3. Es sollen eiserne Axen durch einen Schlag von 1200 Pfd. Kraft geprüft werden; man kann dazu aber nur ein Gewicht von 60 Pfd. benutzen; es frägt sich, wie hoch wird man dieses Gewicht fallen lassen müssen, um die geforderte Kraft auszuüben?

Aus Früherm ist erinnerlich, daß die Wirkung der bewegten Körper durch das Produkt aus Geschwindigkeit und Masse oder Gewicht ausgedrückt wird; und es ist deshalb sehr einleuchtend, daß wir die Geschwindigkeit erhalten, wenn wir die verlangte Wirkung durch das Gewicht oder 1200 Pfd. durch 60 Pfd. theilen, was hier 20 Pfd. zur Geschwindigkeit giebt. Nun besteht nach dem zweiten Gesetz die Geschwindigkeit aus dem doppelten Fallraum der ersten Secunde multiplicirt mit der Zeit, und wenn wir die Geschwindigkeit oder hier 20 durch 2 mal $15\frac{5}{8}$ oder durch $\frac{125}{4}$ theilen, so erhalten wir die Fallzeit von $\frac{16}{25}$ Secunden. Das erste Grundgesetz giebt uns ein Mittel an die Hand, die Fallhöhe oder den Weg zu finden; er ist für das gewählte Beispiel $15\frac{5}{8}$ mal $\frac{16}{25}$ mal $\frac{16}{25}$ oder $\frac{125}{8}$ mal $\frac{256}{625}$; reducirt man die Brüche, so ergiebt sich daraus $\frac{125}{8}$ mal $\frac{64}{160}$ oder 6,45 Fuß.

Das Gewicht wird also eine Höhe von 6,45 Fuß herabfallen müssen, um 1200 Pfd. Kraft auszuüben. Es ist leicht ersichtlich, wie man die erörterten Gesetze auf mannigfache andere Aufgaben anwenden kann, weshalb keine weitern Beispiele folgen. Eben so ist leicht einzusehen, daß bei jeder andern gleichförmig beschleunigten Bewegung dieselben Gesetze angewendet werden können, wobei sich nur der Weg der ersten Secunde nach den verschiedenen Kräften, welche diese Bewegung erzeugen, ändert.

Wenn man einen Körper in lothrechter Richtung aufwärts wirft, so nimmt seine Geschwindigkeit nach denselben Gesetzen ab, nach welchen sie beim freien Fall zunimmt, und es hat dieser Körper dann eine gleichförmig verzögernde Bewegung; seine Schwere, die beständig nach dem Mittelpunkt der Erde wirkt, bringt diese Verzögerung hervor, und es wird seine Geschwindigkeit beständig abnehmen, bis sie von der Schwere überwunden, Null wird, und nun der Körper nach den bekannten Gesetzen wieder zur Erde fällt; wenn man daher die anfängliche Geschwindigkeit eines senkrecht aufwärts geworfenen Körpers kennt, so wird man obige Formeln leicht auch für die Bestimmung der Umstände in seiner Bahn anwenden können, da seine Bewegung grade das Umgekehrte der fallenden ist. Um die Benutzung obiger Formel für die aufwärts geworfenen Körper zu zeigen, mag ein Beispiel dienen.

> Man wirft einen Körper in senkrechter Richtung mit einer anfänglichen Geschwindigkeit von 275 Fuß. Es frägt sich, welche Höhe wird er erreichen?

Man verwandele sich diese Aufgabe in nachstehende:

> Ein Körper kommt von einer Höhe mit 275 Fuß Geschwindigkeit an; von welcher Höhe ist er gefallen? und benutze nun die obigen Grundsätze zur Lösung der Aufgabe, indem man zuerst die Fallzeit bestimmt, welche hier 275 getheilt durch 2 mal $15\frac{5}{8}$, oder 275 getheilt durch $\frac{125}{4}$ oder 8,8 Secunden beträgt. Wenn man aber $15\frac{5}{8}$ mit 8,8 mal 8,8 multiplicirt, so erhält man den ganzen Fallraum von 1210 Fuß.

Aus dieser Aufgabe ist zugleich ersichtlich, daß der Körper beim Fall, nachdem er seine größte Höhe erreicht, in derselben Zeit auch immer bei denselben Punkten eintreffen wird, wo er im gleichen Zeitraum sich beim Aufsteigen befand.

Alle hier erläuterten Sätze können mit voller Strenge nur von dem Fall im luftleeren Raume gelten; in der Luft findet keine vollkommen gleichförmige Beschleunigung statt, weil der fallende Körper in jedem Augenblick eine gewisse Menge Luft in Bewegung setzen muß. So viel Bewegung aber, wie er der Luft mittheilt, verliert er an seiner eignen, und wenn er wenig Masse, aber großen Umfang hat, so wird seine Bewegung durch den Widerstand der Luft merklich verzögert; dies zeigt sich auch durch die Erfahrung. Dagegen wird der Widerstand der Luft um so weniger merklich sein, je weniger Volumen der fallende Körper bei gleicher Masse hat, oder je schwerer er ist.

Bei aufmerksamer Betrachtung aller bisher über den freien Fall der Körper entwickelten Lehren leuchtet bald ein, daß wir hier eine Kraft kennen gelernt haben, die mit einer auffallenden

Regelmäßigkeit unter übrigens gleichen Umständen wirkt; man kann gewiß von dieser Kraft mehr nützliche Anwendung noch machen, als bisher geschehen. Wir führten oben bereits ein Beispiel über das Probiren eiserner Axen an; eine andere Anwendung wäre bei sehr starken Verdichtungen von Feuerwerkssätzen, wo es besonders auf Gleichförmigkeit in den Brennzeiten, z. B. bei Zündern für die Granaten und bei Treibröhren in der Lustfeuerwerkerei ankommt ꝛc., zu machen und es würde am einfachsten und vortheilhaftesten dafür eine kleine Maschine zu construiren sein, welche dem Wesentlichen nach aus Hämmern von verschiedener Schwere für Röhren von verschiedenen Durchmessern besteht, die durch eine Welle, mittelst einer Kurbel bewegt, immer bis zu bestimmten Höhen gehoben werden, so daß die Fallhöhe wie das Gewicht ein und desselben Hammers immer dasselbe bleibt; durch eine leichte Vorrichtung an der Welle wäre ein Zähler anzubringen, und eben so, wenn es nöthig wird, eine größere Fallhöhe — überhaupt eine größere Gewalt — anzuwenden, auch dies leicht durch verschiedene Dicke der Welle zu erreichen. Eine solche einfache Maschine ist leicht zu beschaffen, und sie muß unzweifelhaft auf die gleichförmige Brennzeit der mit ihr verdichteten Feuerwerkssätze großen Einfluß äußern, weshalb sie jedem artilleristischen Laboratorium wohl zu empfehlen.

Wenn ein Körper C von einer schiefen Ebene AB, Fig. XLIII. herabrollt, so ist seine Geschwindigkeit geringer, als beim lothrechten Fall; die Größe derselben läßt sich auf folgende Weise bestimmen: Es sei a der Schwerpunkt des Körpers, zieht man die Lothrechte ab, und aus a die Senkrechte ac auf AB, und vollendet das Parallelogramm der Kräfte adcb, so hat man die Kraft ab, mit welcher die ganze Schwere des Körpers wirkt, in die beiden Kräfte ad und ac zerlegt; die Kraft ac wird durch den Widerstand der schiefen Ebene aufgehoben; die Kraft ad ist es also allein, welche den Körper nach der Richtung ad zum Hinunterrollen zwingt, und es verhält sich also die Kraft, mit welcher der Körper die schiefe Ebene hinabrollt, zu der ganzen Schwere des Körpers, wie die Linie ad zu ab; oder, weil das Dreieck adb mit dem Dreieck ADB in der Form übereinstimmt, wie AD zu AB.

Der Körper mag nun auf der schiefen Fläche liegen, wo er will, so ist die Kraft a d, die ihn zum schiefen Fall treibt, immer gleich, und es ist deshalb klar, daß dieser schiefe Fall eben so gut eine gleichförmig beschleunigte Bewegung sein muß, als der lothrechte freie Fall, jedoch von einer andern geringern Beschleunigung, und wenn das Verhältniß von AD zu AB bekannt ist, so wird sich die Beschleunigung des schiefen Falls sehr leicht berechnen lassen.

Ein wichtiger Umstand bei dem Fall der Körper auf der schiefen Fläche ist, daß ein Körper, welcher von A nach B fällt, mit derselben Geschwindigkeit in B ankommt, mit welcher er in D anlangen würde, wenn er von A nach D frei fiele.

Ziehen wir in Fig. XLIV. die lothrechte Linie AG, und von A aus die gebrochene Linie ADFH, und durch die Punkte A, D, F, H die Parallelen AB, CI, EK, GH, so wird ein Körper, welcher von A nach D fällt, dieselbe Geschwindigkeit in D haben, welche er in C hätte, wenn er von A nach C frei gefallen wäre, oder zwei Körper, die mit gleicher anfänglicher Geschwindigkeit von A aus, einer in lothrechter Richtung AG, der andere in der gebrochenen Linie AH fallen, werden beide mit gleicher Geschwindigkeit in den Punkten C und D, E und F, und G und H ankommen, obgleich die Zeiträume, in denen sie ihre Wege zurücklegen, verschieden sind.

Die Linie ADFH mag nun noch so vielfaltig gebrochen sein, das Gesetz, was eben ausgesprochen worden, wird immer dasselbe bleiben, weshalb es auch für krumme Linien gilt.

Man ist durch diesen Satz in den Stand gesetzt, einen Körper in jeder beliebigen Bahn mit gleicher Geschwindigkeit in einem Punkte ankommen zu lassen; eben so folgt der Satz daraus, daß jeder Körper, wenn er aus einer horizontalen Ebene in eine andere horizontale Ebene übergeht, immer mit gleicher Geschwindigkeit auf letzterer ankömmt, welchen Weg er auch eingeschlagen habe; d. h. wenn der Körper A, Fig. XLV., von der horizontalen Ebene CB nach der horizontalen Ebene EF hinabrollt, wird seine Geschwindigkeit, mit welcher er auf EF anlangt, immer gleich sein, ob er lothrecht in der Richtung BE fällt, oder irgend einen der Wege BG, BH, BF verfolgt.

Ueber die Anwendung dieses Gesetzes zu Geschwindigkeitsmessern werden wir bei der Lehre vom Pendel etwas Näheres angeben. Von Wichtigkeit wird es in allen den Fällen, wo man mit einer bedeutenden Kraft — der Fallkraft — irgend etwas unternehmen will, dabei aber nothwendig mehr Zeit anwenden muß, als der freie Fall gewährt.

Von der krummlinigten Bewegung allgemein.

Wenn ein schwerer Körper nach irgend einer Richtung durch irgend eine Kraft geworfen wird, so sucht diese Kraft ihn in gleichförmiger Bewegung in der ursprünglichen Richtung fortzutreiben; die Kraft der Schwere aber wirkt beständig in lothrechter Richtung und zieht ihn von der ursprünglichen Direktion ab; durch diese beiden Kräfte wird der geworfene Körper genöthigt, eine krumme Linie zu beschreiben, deren Figur auf folgende Weise construirt werden kann:

Wird der Körper in der Richtung AI, Fig. XLVI., mit einer Kraft fortgetrieben, die ihn in gleichförmiger Bewegung in acht Secunden die gleichen Wege AB, BC, CD, DE....HI zu durchlaufen nöthigt, und man zieht von dem Punkt A aus die Lothrechte A64, und setzt darauf von A nach 1 eine Einheit; von A nach 4, 4 Einheiten; von A nach 9, 9 Einheiten und so fort nach den bezeichneten Zahlen, so ist aus Früherm bekannt, daß die Punkte 1, 4, 9, 16 2c. die Orte andeuten, in welchen der Körper, wenn er von A aus frei fiele, nach der ersten, zweiten, dritten u. s. w. Secunde anlangen würde, weil sich ja nach dem Seite 79 2c. angeführten Gesetze die Fallhöhen verhalten wie die Quadrate der Zeiten. Zieht man die Linien 1,1; 4,4; 9,9; 16,16 2c. alle parallel mit AI, und denkt sich nun den Körper in der Richtung AI durch die Wurfkraft fortbewegt, zu gleicher Zeit aber die Linie — A64 — in welcher er vermöge seiner Schwere fällt, in paralleler Richtung, in der ersten Secunde nach BK, in der zweiten nach CL, in der dritten nach DM 2c. versetzt, so ist begreiflich, daß die Durchschnittspunkte a, b, c, d, e, f, g, 64, der Linien 1,1; 4,4; 9,9; 16,16; 25,25; 36,36; 49,49; 64,64; mit den Linien BK, CL, DM, EN, FO, GP, HQ und I64 die Orte angegeben, wo der Körper, durch beide Kräfte bewegt, nach der ersten, zweiten, dritten, vierten ꝛc. Secunde eintreffen wird. Verbindet man diese Punkte durch eine krumme Linie, so zeigt diese die Bahn an, welche der geworfene Körper verfolgt.

Eine kleine Ueberlegung belehrt uns, daß bei dem Werfen und Schießen aus Feuergewehren der hier erläuterte Fall Anwendung findet, wo die Pulverkraft den Körper nach der Richtung A I, die durch die Stellung des Geschützes bestimmt wird, forttreibt und ihm eine Bewegung ertheilt, die, da sie nur augenblicklich auf ihn wirkt, und ihn dann seinem Schicksal überläßt, nach der Seite 12 gegebenen Erläuterung vom Beharrungsvermögen gleichförmig fortgeht; die Schwere vereint mit der Bewegung durch die Pulverwirkung der Ladung nöthigt ihn den krummen Weg A a b c d e f g 64 einzuschlagen. Die höhere Geometrie zeigt, daß diese krumme Linie, deren Form besonders auf dem Verhältniß der Linien A, A 4, A 9, A 16 ꝛc. zu den Linien 1 a, 4 b, 9 c, 16 d ꝛc. beruht, eine Parabel ist, und es geht also daraus hervor, daß die Bahn geworfener Körper eine Parabel bildet; die Bestimmungen, welche sich in Bezug auf die Wurfweite oder die Länge A 64, ferner auf den Erhöhungswinkel, den höchsten Punkt der Parabel ꝛc., ermitteln lassen, fordern Kenntnisse in der Trigonometrie, die wir bei Abfassung dieses Lehrbuchs nicht voraussetzen; wer in den Lehren der Trigonometrie recht bekannt ist, wird leicht selbst ihre Anwendung auf den vorliegenden Fall finden. Die eben abgehandelte krummlinichte Bewegung wird, weil sie geworfenen schweren Körpern eigen ist, die Wurfbewegung genannt.

Die Richtigkeit des entwickelten Satzes findet jedoch in ihrer ganzen Strenge nur im luftleeren Raume statt; der Widerstand der Luft bringt bedeutende Veränderungen in der Wirklichkeit hervor, welche nur mit vielen Schwierigkeiten der Rechnung zu unterwerfen sind; so viel läßt sich allgemein leicht ermitteln, daß durch diesen Widerstand die Hälfte d 64 oder der absteigende Theil der Bahn, in welcher der Körper seinen höchsten Punkt verläßt und mit jedem Augenblick dem Horizont näher kommt, bedeutend steiler ausfallen wird, als der aufsteigende Theil, weil der Widerstand der Luft die gleichförmige Bewegung, welche dem Geschoß durch die Ladung mitgetheilt worden, immer mehr und mehr verringert und so diese Bewegung in eine verzögernde umwandelt, während die Fallbewegung ihr Gesetz der gleichförmigen Beschleunigung ungehindert verfolgt. Diese Modification der Bahn geworfener Körper zeigt sich in der That auch in der Wirklichkeit ganz deutlich. Ist man den bisherigen Erläuterungen mit Aufmerksamkeit gefolgt, so wird klar sein, daß, um eine krummlinichte Bewegung hervorzubringen, wenigstens zwei Kräfte erforderlich sind, wovon die eine beschleunigend sein muß, während die andere ein augenblicklich wirkender Anstoß, oder das Beharrungsvermögen der Körper selbst sein kann. Eine Bewegung der Art entsteht, wenn man sich einen Körper durch eine Kraft beständig nach einem Mittelpunkt hingezogen denkt, während eine andere Kraft ihm eine Bewegung seitwärts ertheilt; die Verbindung von solchen Kräften nennt man Centralkräfte, und die bewirkten Bewegungen selbst Centralbewegungen.

Wir nehmen an, in Fig. XLVII. sei C der Mittelpunkt, nach welchem ein Körper beständig hingezogen wird, und um die Bewegung zu erläutern, zerlegen wir sie in kleine Zeiträume; durch eine Seitenkraft werde der Körper in der Richtung A B fortgetrieben, und in demselben Augenblick, wo ihn die Seitenkraft von A bis B zu bewegen im Stande ist, sei die nach C wirkende anziehende Kraft vermögend, ihn von A bis D zu bewegen, dann wird er in diesem Zeitraum die Diagonale AE des Parallelogramms ABED durchlaufen; stellen nun im zweiten Zeitraume seiner Bewegung EF und EH die Wege der beiden Kräfte vor, wenn sie einzeln auf ihn wirkten, so wird die Diagonale EG seinen wahren Weg angeben, und so fort die Diagonalen GL, LO ꝛc. — Es wird also seine Bahn aus der gebrochnen Linie AEGLO bestehen; da aber die nach dem Mittelpunkt C wirkende, als auch die den Körper seitwärts treibende Kraft, beide nicht stoß- oder absatzweise, sondern ununterbrochen zusammenhängend wirken, so muß die Bahn des Körpers eine krumme Linie werden, deren Form besonders von der Stärke der Centralkräfte abhängt. Die höhere Mathematik lehrt uns, daß diese krumme Linie eine Ellipse ist.

Man hat die Centralkräfte mit besondern Namen belegt, und zwar die nach dem Mittelpunkt wirkende Centripetal-, die seitwärtstreibende Centrifugal- oder Fliehkraft genannt;

einige Schriftsteller wollen die letztere, bezeichnender, Tangential-Kraft nennen, doch thut im Ganzen der Namen nichts zur Sache; besser scheint es, die mehr eingeführte Benennung Centrifugalkraft beizubehalten. Auf solch einfachem Spiel der Kräfte, wie es uns in den Wirkungen der Centralkräfte entgegentritt, beruht der Lauf aller Himmelskörper, deren vorzüglichste Gesetze von Keppler zuerst entdeckt, von Newton verfolgt und wissenschaftlich begründet wurden.

Die Wirkungen der Centralkräfte kommen bei jeder drehenden Bewegung vor, denn denken wir uns in Fig. XLVIII. einen runden Körper um den Mittelpunkt C bewegt, so wird die Centripetalkraft durch die Cohäsionskraft des Körpers ersetzt; während der Bewegung werden aber alle Theilchen des Körpers eine Neigung sich von dem Mittelpunkt zu entfernen erhalten, und zwar wird die Größe dieser Kraft mit der Entfernung vom Mittelpunkt wachsen, da die Bewegung an Geschwindigkeit mit der Entfernung vom Mittelpunkt zunimmt, weil z. B. der Punkt A in derselben Zeit den viel größern Weg AD durchlaufen muß, in welcher der näher am Mittelpunkt liegende Punkt a den kleinern Weg ad zurücklegt. Weil nun die Entfernung vom Mitpunkt, wie die Schnelligkeit der Bewegung, keinen bestimmten Gränzen unterliegt, so ist es wohl denkbar, daß ein Augenblick eintreten kann, wo die Fliehkraft die Cohäsionskraft (als Centripetalkraft wirkend) übersteigt; in diesem Fall müßten sich Theile des Körpers trennen und in der Richtung AB fortgeschleudert werden. In der That kommen dergleichen Fälle im praktischen Leben vor und zeigen dann von der bedeutenden Gewalt dieser Kräfte; dahin gehört z. B. das Zerspringen der Mühlsteine bei sehr raschem Gange der Mühle, wobei die sehr schweren Stücke, meist auf eine sehr bedeutende Strecke mit großer Gewalt fortgeschleudert werden. Auch in den Mengetrommeln und Mischfässern bei der Pulver- und Satzfabrikation zeigt sich die Wirkung der Centrifugalkraft bei zu schneller Umdrehung dadurch, daß die Metallkugeln in denselben nicht mehr durch ihre Schwere an der Peripherie nach entgegengesetzter Richtung hinabrollen, sondern, als wären sie festgeklebt, die Bewegung des Fasses mitmachen. Man bemerkt dies, sobald kein Klappern der Kugeln mehr gehört wird, und es ist dann nöthig, die Bewegung sogleich langsamer zu machen, weil sonst der ganze Zweck der Kugeln verloren geht und keine gute Mengung des Satzes erfolgen kann.

Von den Pendel-Bewegungen.

Wenn man einem schweren Körper eine solche Einrichtung giebt, daß er in einem Kreisbogen vermöge seiner Schwere auf und nieder sich bewegen muß, so nennt man diese Bewegung eine Pendel-Bewegung. Es ist gleich, ob eine Kugel in einer bogenförmigen Bahn, wie Fig. XLIX., diese Bewegung ausführt, oder ob man einen schweren Körper, wie Fig. L., an einen Faden aufhängt; der letzte Fall ist der gebräuchlichere. Wird der Körper A an einen Faden, der eigentlich ohne Schwere sein müßte, aufgehangen, so entsteht ein einfaches Pendel; ist der schwere Körper durch einen Stab 2c., welcher auch Schwere besitzt, an den Punkt C befestigt, so heißt die Vorrichtung ein zusammengesetztes Pendel.

Bringen wir ein einfaches Pendel, Fig. L., aus seiner lothrechten Lage CA in die Lage CB, so würde, wäre der Faden CB nicht vorhanden, der Körper von B aus in der lothrechten Richtung BG fallen; der Faden nöthigt ihn aber die Bewegung in den Bogen BA zu machen; zerlegen wir nun die Schwerkraft BG in die beiden Kräfte BE und BF, wovon erstere in der Richtung des Fadens, so wird diese durch den Faden selbst aufgehoben, und es bleibt nur noch die Kraft BF, mit welcher er nach dem Punkt A sich bewegt; es ist aber leicht begreiflich, daß die Kraft BF in jedem Theil der Bahn von B bis A sich ändern wird, und zwar wird sie nach A zu immer kleiner, bis sie in A selbst o ist. Daraus geht hervor, daß die Bewegung von B bis A zwar eine beschleunigte ist, aber keine gleichförmig beschleunigte. Da man sich nun den Bogen AB als eine Zusammensetzung von unendlich vielen schiefen Ebenen denken kann, deren gesammte Höhe die Linie DA ausmacht, so wird der Körper in dem Punkte A mit derselben Geschwindigkeit ankommen, welche er erhielte, wenn er von D nach A frei gefallen wäre, siehe Seite 85 2c.; in A angekommen, würde er, hinderte ihn der Faden nicht daran, mit der erlangten Geschwindigkeit in horizontaler Richtung sich fortbewegen;

der Faden nöthigt ihn aber, den Bogen AE zu verfolgen, und er wird also nach früher entwickelten Gesetzen von A nach E seine Bewegnng fortsetzen, und zwar der Art, daß sie hier ganz in demselben Verhältniß abnimmt, wie sie von B nach A zugenommen; d. h. er wird auf der Seite nach E zu, eben so hoch steigen, als er von B aus gefallen, oder der Bogen BA wird dem Bogen EA gleich sein. Dasselbe würde die Kugel in der runden Bahn, Fig. XLIX., thun, indem sie, aus I bis II erhoben und losgelassen, wieder bis III steigt.

Diese Bewegungen des Pendels nennt man seine **Schwingungen**, und zwar nennen Einige die Vollendung eines **Hin- und Herganges eine** Schwingung; andere die Vollendung eines Hinganges **eine**, und eben so die **eines** Herganges **eine** Schwingung. Letztere Annahme ist gebräuchlicher, weshalb sie auch hier beibehalten werden soll.

Nach den Gesetzen der Beharrlichkeit müßten dergleichen Pendelschwingungen auf völlig gleiche Art ununterbrochen fortdauern, wenn keine Hindernisse der Bewegung entgegentreten; aber der Widerstand der Luft sowohl, als die noch so geringe Kraft, welche zur Beugung des Fadens bei C erforderlich ist, bewirken, daß das Pendel jeden Augenblick etwas von seiner Geschwindigkeit verliert, bis endlich Ruhe eintritt. Durch Anwendung mechanischer Hülfsmittel kann jedoch die Einwirkung der Hindernisse so gering gemacht werden, daß die Bewegung eines Pendels sehr lange ununterbrochen fortdauert.

Die **Theorie** des Pendels, und besonders die so wichtige Zeitbestimmung der Schwingungen, gehört zu den schwierigern Aufgaben der höhern Mathematik, weil die Bewegung, wie oben gezeigt, eine ungleichförmig beschleunigte; wir begnügen uns deshalb hier nur, die wichtigsten Gesetze derselben, wie sie durch Versuche und Rechnung gefunden, anzuführen. Sie sind folgende:

1. **Die Zeitdauer der Schwingungen ist außerordentlich gleichförmig, und sie wird nur sehr wenig durch die Abnahme der Bogen AE und AB verringert, so daß, wenn dieser Bogen überhaupt nur wenige Grade beträgt, der Unterschied so gering ist, daß man ihn als nicht vor-**

handen annehmen, und alle Schwingungen bis zum Stillstande des Pendels als in gleichen Zeiten vollendet ansehen kann.

Dadurch wird das Pendel zu einem sehr genauen Zeitmesser, und dient als Regulirung für Maschinen, welche einen sehr gleichförmigen Gang erfordern, wie z. B. der Uhrwerke.

2. Bei gleichen Schwingungsbogen hat das Gewicht, die Größe, Gestalt und materielle Beschaffenheit des an den Faden gehängten schweren Körpers durchaus keinen Einfluß auf die Schwingungszeit.

3. Die Schwingungskraft, also auch ihre Zeitdauer, ändert sich mit der Länge des Pendels, und zwar in dem Verhältniß, wie die Quadratwurzeln aus der Länge.

Vergleicht man diese Gesetze mit dem, was früher von der Schwere und ihrer Wirkung beim freien Fall schwerer Körper gesagt worden, so ergiebt sich bald, daß die Schwingungszeit des Pendels eine Wirkung der Schwere oder Schwerkraft ist, ohne allen Nebeneinfluß anderer Kräfte, und es ist begreiflich, wie grade das Pendel ganz besonders zu genauen Untersuchungen über die Schwerkraft geeignet ist. Es folgt aber auch daraus noch ein viertes Gesetz für das Pendel, nämlich:

4. Wenn alle Umstände gleich bleiben, muß die Schwingungszeit sich ändern, wenn die Schwere oder Schwerkraft (nicht das Gewicht) sich ändert, und zwar, nach dem Gesetz 3, muß sie länger werden, wenn die Schwerkraft abnimmt, kürzer, wenn sie zunimmt.

Noch schwieriger als bei dem einfachen Pendel ist die Theorie des zusammengesetzten Pendels; um seine Länge zu bestimmen, ist das beste Mittel, ein einfaches Pendel von bekannter Schwingungszeit daneben zu hängen und nun durch Verkürzen, oder Verlängern das zusammengesetzte Pendel so zu reguliren, daß es mit dem einfachen gleiche Schwingungszeit hat. Trägt man dann die Länge ac, Fig. LI., des einfachen Pendels auf das zusammengesetzte von A nach C, so ist C der Schwingungspunkt und AC die Länge des Pendels, während bei dem einfachen Pendel die Länge immer von dem Aufhängepunkte bis zum Schwerpunkte des anhängenden schweren Körpers gemessen wird. Zu bemerken ist, daß der Schwingungspunkt des zusammengesetzten Pendels immer unter den Schwerpunkt B desselben fallen wird, ja es können Fälle vorkommen, wo der Schwingungspunkt selbst außerhalb des Pendels zu liegen kömmt; ist der Schwingungspunkt eines zusammengesetzten Pendels bekannt, so verrichtet es alle Dienste eines einfachen.

Durch das Pendel hat man die genaueste Untersuchung über die Schwere angestellt, und es hat sich allgemein Folgendes daraus ergeben:

1. Weil die Schwingungszeiten eines Pendels an ein und demselben Ort unveränderlich sind, so ist dadurch auch die Unveränderlichkeit der Schwerkraft an ein und demselben Ort erwiesen.
2. Durch das Pendel wird weit klarer, als bei einem Versuch im luftleeren Raum bewiesen, daß alle Körper durch die Schwere gleiche Geschwindigkeit erhalten; denn ein Körper, welcher durch die Schwere langsamer fiele, müßte, wenn er als Pendel aufgehängt würde, auch langsamere Schwingung machen, was doch keinesweges der Fall ist.
3. Das einfache Secundenpendel giebt ein Mittel, den Weg eines fallenden Körpers in der ersten Secunde möglichst genau auszumitteln; denn da die Schwere allein auf die Schwingung des Pendels wirkt, so ist leicht einzusehen, daß zwischen der Länge des Secundenpendels und dem freien Fall eines Körpers in der ersten Secunde ein unveränderliches Verhältniß statt finden muß; es läßt sich aber durch Rechnung darthun, daß die Länge des Secundenpendels zur Beschleunigung der Schwere sich wie 1 zu 4,93480 verhält. Da nun in unsern Gegenden die Länge des einfachen Secundenpendels genau 38 rheinländische (oder preußische) Zoll oder $3\frac{1}{6}$ Fuß ist, so ergiebt sich daraus die Geschwindigkeit, wenn man setzt:

1 verhält sich zu 4,93480 wie $3\frac{1}{6}$ zu der zu suchenden Geschwindigkeit, woraus man dieselbe 4,93480 mal $\frac{19}{6}$ oder 2,46740 mal $\frac{19}{3}$ oder 46,88060 getheilt durch 3 oder 15,6269 rheinländische Fuß erhält, welches Resultat von dem als Fallhöhe in der

ersten Secunde angenommenen 15¼ Fuß nur sehr wenig abweicht; es giebt also eine Schwingung eines Secundenpendels die Fallhöhe eines frei fallenden Körpers in der ersten Secunde genau an.

4. Die von Newton aufgestellte Behauptung, daß die Schwere auf unserer Erde unter dem Aequator geringer sein müsse, als unter den Polen, wurde durch das Pendel bewiesen. Ein Pendel, welches in unseren Gegenden genau Secunden schwingt, ging unter dem Aequator langsamer und mußte verkürzt werden; in der Nähe der Pole waren seine Schwingungen schneller, und man mußte es verlängern. Es sind in dieser Beziehung sehr viele Versuche gemacht worden. Der Unterschied der Pendellänge, wenn gleiche Schwingungszeiten erreicht werden sollen, beträgt nach Beobachtung darüber zwischen Kola in Lappland und Quito in Südamerika 2,21 Pariser Linien.

5. Auf sehr hohen Bergen zeigten sich die Pendelschwingungen langsamer, woraus also eine Abnahme der Schwerkraft mit ihrer Entfernung von der Erde hervorgeht.

6. Das Pendel zeigt, wenn es ruhig hängt, genau die Richtung der Schwerkraft. Durch Versuche, die mit besonderer Genauigkeit in Schottland von dem Astronomen Maskelyne im Jahre 1774 angestellt worden, zeigte sich, daß das Pendel in der Nähe großer Bergmassen ein wenig von der lothrechten Richtung abwich, woraus auf eine anziehende Kraft dieser Bergmassen gegen den Körper des Pendels zu schließen. Der genannte Beobachter hat diese anziehende Kraft berechnet und sie mit der anziehenden Kraft der Erde verglichen, daraus aber sehr interressante Schlüsse auf die Masse der Erde gezogen, wodurch das Pendel selbst zu einem Werkzeuge geworden, welches uns Blicke in das Innere des Erdkörpers eröffnet.

7. Das Pendel ist auch zu Versuchen über die Bewegung der Körper zu gebrauchen, da man mittelst desselben sehr leicht Bewegungen von abgemessener Größe, Richtung und Geschwindigkeit hervorbringen kann. Es werden nämlich die Geschwindigkeiten, welche das Pendel beim Fall durch die Bogen EA und HA, Fig. L., erhält, nach frühern Er-

läuterungen gleich sein mit den Geschwindigkeiten, welche ein Körper durch den freien Fall von den Punkten I und D nach A erhält; nach den Gesetzen des freien Falls verhalten sich aber die Wege IA und DA wie die Quadrate der Geschwindigkeiten. Nun stehen aber nach geometrischen Lehrsätzen die Linien IA und DA in demselben Verhältniß zu einander, wie die Quadrate der Linien oder Sehnen AH und AE, und es folgt daraus ein neues wichtiges Gesetz für die Pendelschwingungen, welches heißt:

Die Geschwindigkeiten des Pendels am untersten Punkte A seiner Bahn verhalten sich, wenn er aus verschiedener Höhe fällt, wie die Sehnen der durchlaufenen Bogen. Wenn man nun den Bogen AD, Fig. LII., so eintheilt, daß sich die Sehnen A1, A2, A3, A4 rc. — — — A9 wie diese Zahlen verhalten, so wird das Pendel, wenn man es nach und nach bis 1, 2, 3, 4 — — — 9 hebt und fallen läßt, in dem Punkte A mit Geschwindigkeiten ankommen, die sich zu einander verhalten, wie die Zahlen 1, 2, 3, 4 — — — 9; die Trigonometrie giebt Mittel an die Hand, eine Scala auf dem Bogen AD oder selbst auf der Linie BD zu verzeichnen, auf welcher die Geschwindigkeiten, mit denen das Pendel bis zu bezeichneten Punkten gehoben, in A ankömmt, sogleich in Zollen ausgedrückt werden. Der Einfluß, welchen der Widerstand der Luft auf diese Versuche hat, ist ganz gering. Auf diese Weise kann man sich durch das Pendel einen Geschwindigkeitsmesser verschaffen.

Man hat in neuerer Zeit das Pendel auch als Taktzähler benutzt und es so eingerichtet, daß das Gewicht auf der Stange verschiebbar ist, wodurch man die Schwingungszeiten beliebig verändern kann; durch Anschlagen des Gewichtes an eine Glocke rc. werden die einzelnen Schwingungen auch hörbar markirt, und es dürfte eine solche Maschine als Zeitmesser für Bestimmung der Flugzeiten der Geschosse wegen ihrer Einfachheit und des sichern Ganges sehr zu empfehlen sein.

Um die Beobachtungen mit dem Pendel zur größten Genauigkeit zu steigern, hat man mancherlei Hülfsmittel angewendet; es sei hier nur des einen erwähnt, wo man das Pendel aus einer graden Stange bestehen läßt, welche nach beiden Enden hin Axen hat, die so stehen, daß das Pendel immer die richtigen Schwingungen macht, es mag auf der einen oder der andern Axe ruhen; man ist dadurch im Stande, durch wechselseitiges Umwenden desselben die Beobachtung zu controlliren, und man beobachtet mit solchem Pendel bis auf $\frac{1}{1000}$ Secunde genau.

Von der Bewegung durch den Stoß.

Eine eigenthümliche Art der Bewegung wird durch den Stoß der Körper auf einander erzeugt; die Gesetze derselben sind theils aus Versuchen, theils aus dem dritten Grundsatze über die Bewegung im Allgemeinen, Seite 14, entwickelt, und sie sind in so fern wichtig, als keine Bewegung im ganz leeren Raume geschieht, vielmehr jeder Körper bei seiner Bewegung an andere ihn umgebende Körper stößt, ob sie fest, tropfbarflüßig, oder elastisch sind, und deshalb nach diesen Gesetzen auch seine Bewegung beurtheilt werden muß.

Zu Versuchen über die Mittheilung der Bewegung durch den Stoß dienen die sogenannten Percussionsmaschinen, die aus gleich langen, dicht an einander hängenden Pendeln bestehen, hinter welchen eine auf oben angegebene Art eingerichtete Geschwindigkeitsscala sich befindet; durch diese Maschine ist man im Stande, die Pendel, deren Gewichte aus jeder beliebigen Materie gewählt werden können, mit verschiedenen Geschwindigkeiten auf einander wirken zu lassen und zu gleicher Zeit die Geschwindigkeit der mitgetheilten Bewegung zu messen. Ferner hat man Vorrichtungen, vermittelst deren man schwere Körper aus verschiedenen, aber abgemessenen Höhen auf harte oder weiche Unterlagen fallen lassen kann, um die Wirkungen des Stoßes zu beobachten.

Nach dem oben angezogenen Grundgesetze über die Bewegung findet bei jedem Anstoß zweier Körper eine gegenseitige Mittheilung oder ein Uebergang von Bewegung aus einem Körper in den andern statt. Wie viel Bewegung aber wirklich von einem Körper auf den andern übergeht, hängt von der Richtung des Stoßes und der Bewegung, von der Masse, der Gestalt, der Geschwindigkeit, der Cohäsionskraft, der Elasticität, dem Aggregatzustand rc. der Körper ab, und es wird dadurch die Theorie des Anstoßes der Körper sehr zusammengesetzt. Die meiste Anwendung kann man von der Lehre des graden und centralen Stoßes bei unelastischen und elastischen Körpern machen, weshalb diese auch besonders hier einen Platz finden. Central nennt man den Stoß, wenn sich die Körper vor dem Stoß in der graden Linie bewegen, welche man zwischen ihren Schwerpunkten ziehen kann, und der Anstoß selbst in dieser Linie geschicht. Grade heißt er, wenn die Flächen der Körper an der Stelle, wo sie sich treffen, auf die Richtung der Bewegung senkrecht sind.

Da nach dem oft angeführten Gesetz für die Bewegung beide Körper gleich viel an Bewegung, nur in entgegengesetzter Richtung verlieren, so ergiebt sich für die Entwickelung der Gesetze des Anstoßes folgender allgemeiner Grundsatz:

Die Summe der Bewegung der Körper wird durch den Anstoß nicht verändert.

Die ersten Gesetze über den Anstoß wollen wir an unelastischen Körpern erläutern. Obgleich in der Natur kein völlig unelastischer Körper vorhanden, so läßt sich doch für die Betrachtung diese Eigenschaft von den Körpern völlig getrennt denken, und in dieser Beziehung können wir von unelastischen Körpern reden. Wenn zwei dergleichen Körper auf einander stoßen, so theilt der bewegte dem ruhenden, oder entgegengesetzt bewegten — oder der stärker bewegte dem schwächer bewegten — so lange Bewegung mit, bis beide gleiche Geschwindigkeit erlangt haben; so bald dies erreicht, ist die Wirkung beendet, weil jetzt kein Druck mehr zwischen beiden statt findet, und die Bewegung geht nun mit der erlangten Geschwindigkeit fort, als ob beide Körper nur einen ausmachten.

Der Fall, welcher am häufigsten vorkommt, und zu gleicher Zeit der leichtesten Beurtheilung unterliegt, ist der, wenn der angestoßene Körper ruht. Es ist leicht begreiflich, daß die Geschwindigkeit nach dem Stoße sehr verschieden sein, besonders sich nach dem Verhältniß der Masse beider richten wird; denn je kleiner die Masse des angestoßenen Körpers gegen die Masse des anstoßenden ist, desto weniger Kraft ist nöthig, ersteren in Bewegung zu setzen, und desto weniger wird letzterer von seiner Geschwindigkeit verlieren; je größer aber die Masse des angestoßenen Körpers in Bezug auf den anstoßenden, desto mehr wird letzterer von seiner Geschwindigkeit verlieren, und desto langsamer wird die Bewegung nach dem Anstoß sein. Ist die Masse des angestoßenen Körpers ohne alles Verhältniß größer, als die des anstoßenden, so daß letzterer gegen den erstern verschwindet, so kann die Bewegung nach dem Anstoß für unsere Sinne absolut unmerklich werden, ob sie gleich streng genommen immer nicht Null ist. Als Beispiel für diesen Fall dient ein Schlag auf eine feststehende Unterlage.

Nimmt man die Massen und die Geschwindigkeiten vor dem Anstoß als bekannt an, so läßt sich die Geschwindigkeit nach dem Anstoß auf folgende Weise leicht ermitteln:

Nehmen wir an, daß zwei Körper einander genau in entgegengesetzter Richtung begegnen, und zwar der eine von 8 Pfd. der andere von 2 Pfd. Gewicht, und der erste mit einer Geschwindigkeit von 9, der andere von 6 Fuß in der Secunde, so ist die Größe der Bewegung vor dem Zusammentreffen beim ersten 8 mal 9 oder 72 und beim zweiten 6 mal 2 oder 12; während beide zusammentreffen, hatte also der erste Körper einen Ueberschuß der Bewegung von 72 weniger 12 oder von 60; es kann aber natürlich der erste Körper sich trotz des Ueberschusses nicht fortbewegen, ohne den zweiten von 2 Pfd. mit fortzureißen, und es entsteht also jetzt eine Masse von 8 und 2 oder von 10 Pfd., welche durch die 60 Fuß Geschwindigkeit bewegt werden sollen; vertheilt man diese Größe der Bewegung auf die 10 vereinigten Pfd., so erhalten diese eine Geschwindigkeit von 60 getheilt durch 10 oder von 6 Fuß in der Secunde. Wenn wir die eben angestellte Auseinandersetzung genauer zergliedern, so finden wir, daß der größere Körper von 8 Pfd., welcher zugleich mit der größern Geschwindigkeit von 9 Fuß sich bewegte, auf den kleinern Körper eine doppelte Einwirkung zeigte; nämlich zuerst zerstörte er die Geschwindigkeit des kleinen von 6 Fuß ganz, und dazu war nur eine Geschwindigkeit von $1\frac{1}{2}$ Fuß nöthig, weil er 4 mal mehr Masse, als der kleine hat, und der vierte Theil von 6 (der Geschwindigkeit des kleinern) $1\frac{1}{2}$ beträgt — Seite 13; — dann aber mußte er dem kleinern Körper von der übrig behaltenen Geschwindigkeit so viel mittheilen, daß beide Körper zusammen mit einer gleichen Geschwindigkeit fortgehen; es müssen also die den 8 Pfd. übrig geblieben $7\frac{1}{2}$ Fuß Geschwindigkeit sich auf die 10 Pfd. so vertheilen, daß beide Massen mit 6 Fuß Geschwindigkeit sich fortbewegen. Man kann, obgleich der Stoß bei harten Körpern augenblicklich seine Wirkung äußert, doch der bessern Uebersicht wegen annehmen, als geschähe diese Wirkung in sehr kurzen Zeitmomenten auf einander, und es werden sich obige Betrachtungen dann folgender Art gestalten: Die Masse 8 mit der Geschwindigkeit 9 trifft gegen die Masse 2 mit der Geschwindigkeit 6; nehmen wir nun an, die letztere verliere im ersten Moment des Zusammentreffens 2 Fuß Geschwindigkeit, so wird die erstere, weil sie 4 mal mehr Masse hat, nur $\frac{1}{2}$ Fuß Geschwindigkeit verlieren, und die erstere behält noch $8\frac{1}{2}$ Fuß die letztere noch 4 Fuß, Geschwindigkeit; im zweiten Zeitmoment verliere die kleinere Masse wieder 2 Fuß, also die größere abermals $\frac{1}{2}$ Fuß Geschwindigkeit, so behält erstere noch 2 Fuß, letztere noch 8 Fuß Geschwindigkeit; der dritte Moment wird bei gleicher Wiederholung des Verlustes den kleinern Körper auf Null, den größern auf $7\frac{1}{2}$ Fuß Geschwindigkeit herabbringen; im vierten Moment wird die größere Masse der kleinern eine Geschwindigkeit von 2 Fuß mittheilen, selbst aber nur noch 7 Fuß behalten; im fünften wird unter gleichen Verhältnissen, der größere $6\frac{1}{2}$, der kleinere 4 Fuß, und im sechsten Moment der größere 6 und der kleinere 6 Fuß Geschwindigkeit besitzen, und nun kann keine weitere gegenseitige Einwirkung statt finden, sondern beide Körper gehen mit gleicher Geschwindigkeit fort. Es ist nicht schwer, dieselben Betrachtungen auf Körper anzuwenden, die gleich von Anfang an nicht gegen einander sich bewegen, sondern einander folgen; gesetzt eine Masse von 10 Pfd. mit 3 Fuß Geschwindigkeit werde von einer Masse von 2 Pfd. mit 12 Fuß Geschwindigkeit verfolgt, so werden sie, sobald sie sich erreicht haben, gegen einander drücken, und die schnellere verliert, die langsamere gewinnt an Geschwindigkeit; wegen der Ungleichheit der Massen, die sich in dem gewählten Beispiele wie 5 zu 1 verhalten, wird die schneller bewegende $7\frac{1}{2}$ Fuß an Geschwindigkeit verlieren, die langsamere aber nur den fünften Theil von $7\frac{1}{2}$ Fuß oder $1\frac{1}{2}$ Fuß gewinnen, und es werden beide nach dem Stoß mit einer gleichen Geschwindigkeit von $4\frac{1}{2}$ Fuß in der Secunde ihren Weg fortsetzen. Die Gesetze des Stoßes unelastischer Körper sind in vorstehenden Betrachtungen vollständig enthalten, und es wird dem aufmerksamen Leser nicht entgangen sein, daß zwei Fälle, nämlich ein Begegnen oder Zusammentreffen der Körper und ein Fortgehen derselben nach ein und derselben Richtung besonders herauszuheben sind; es ist der Grundsatz ausgesprochen, daß die Summe der Bewegung der Körper durch den Stoß nicht verändert werde, und dies findet in der That auch in beiden angezogenen Fällen statt, wenn wir bedenken, daß bei dem Zusammentreffen die eine Bewegung der andern entgegengesetzt ist, und eben dadurch die Summe der Bewegung nur aus dem Unterschied beider Bewegungen vor dem Stoß besteht. Da wir aber ferner bereits dargethan, daß die Größe der Bewegung aus dem Produkt von Masse und Geschwindigkeit besteht, so wird die Geschwindigkeit, mit welcher die Körper nach dem Stoß ihre Bewegung fortsetzen, leicht zu ermitteln sein, wenn man die Summe der Bewegung von beiden durch die Summe ihrer Massen theilt. In dem ersten Beispiel, was oben zur Erläuterung gewählt worden, war die Größe der Bewegung des ersten vor dem Stoß 8 mal 9 oder 72; die des zweiten 2 mal 6 oder 12; da sie aber einander entgegen kommen, so ist die Summe ihrer Bewegung 72 weniger 12 oder 60; die Summe ihrer Masse beträgt 8 und 2 oder 10; theilt man 60 durch 10, so erhält man 6 für die Geschwindigkeit, mit welcher beide nach dem Stoß in der Richtung, welche der erste Körper hatte, fortgehen. In dem zweiten Beispiel ist die Größe der Geschwindigkeit des ersten Körpers 10 mal 3 oder 30; die des zweiten 2 mal 12 oder 24; mithin die Summe der Bewegung nach dem Stoß, weil sie nach ein und derselben Richtung fortgehen, 30 und 24 oder 54, die Summe der Masse beträgt 10 und 2 oder 12, und theilt man 54 durch 12, so erhält man $4\frac{1}{2}$ für die Geschwindigkeit, mit welcher beide Körper nach dem Stoß in der ursprünglichen Richtung fortgehen.

Unter den Umständen, welche die Wirkung des Stoßes verändern, ist besonders die Cohäsionskraft erwähnenswerth.

Sind die anstoßenden Massen weich, so findet in der Richtung des Stoßes beider Massen eine Abplattung statt; die Theile um den Berührungspunkt treten bei beiden Massen zurück, wie bei elastischen Körpern, kommen aber wegen des Mangels der

Elasticität nicht wieder hervor. Zu dieser Abplattung wird ein Theil der Kraft verwendet, der also nach dem Stoße nicht mehr in den Massen ist, wodurch einige Modificationen entstehen, so daß obige Berechnungen mit den Erscheinungen nicht ganz übereinstimmen können. Unmittelbar wirkt der Stoß nur auf die berührten Theile der Körper, und von diesen pflanzt er sich weiter fort auf die übrigen Theile, und zwar um so schneller, je härter und unbiegsamer die Körper. Dadurch eben wird nun bei weichen Körpern die oben angeregte Erscheinung der Formveränderung hervorgebracht. Ist die Cohäsions-Kraft der Körper geringer, als die Kraft des Stoßes, so werden die Körper zerrissen, bald in viele, bald in wenige Stücken; kurz, je nachdem die Körper hart, oder weich, fest, oder locker, spröde, oder zähe sind, wird die Wirkung des Stoßes verändert.

Das oben angeführte Gesetz für Bestimmung der Geschwindigkeit beim Stoß hat man angewandt, um die Geschwindigkeit der Flinten- und Kanonenkugeln zu ermitteln; es wird nämlich leicht begreiflich, daß, wenn man eine Kugel von 1 Pfd. Schwere mit einer Geschwindigkeit von 1000 Fuß in der Secunde gegen eine ruhende Masse von 1000 Pfd. abschießt, diese Masse mit der Kugel nach dem Stoß eine Geschwindigkeit von 1000 getheilt durch 1001 erhalten wird, was hier noch nicht ganz einen Fuß beträgt; eine sehr einfache Ueberlegung zeigt uns aber auch den Weg, welchen wir einschlagen müssen, um die Geschwindigkeit der abgeschossenen Kugel zu bestimmen, wenn wir die Bewegung der größern ruhenden Masse, nach welcher sie abgeschossen worden, nach dem Stoß, und das Gewicht dieser Masse, so wie das der Kugel kennen; diese Geschwindigkeit besteht aus dem Produkte der Summe beider Massen mit der Geschwindigkeit der Massen nach dem Stoß, denn es ist in der That hier nur die sogenannte Probe der Division anzustellen, oder aus Divisor — die Summe der Massen beider Körper — und dem Quotient — die Geschwindigkeit beider Massen nach dem Stoß — den Dividendus zu formiren. Man hat zu solchen Bestimmungen sich eines sehr schweren Pendels bedient, gegen welchen die Kugeln auf nahe Entfernungen abgeschossen wurden; an den Pendel selbst war eine Einrichtung angebracht, durch die man die Geschwindigkeit desselben nach dem Stoß sehr genau messen konnte und die in ihren Grundzügen bereits bei der Abhandlung von dem Pendel, Seite 95, angegeben worden. Nehmen wir nun an, das Pendel habe nach dem Stoß eine Geschwindigkeit von 0,75 und seine Masse betrage 900 Pfd.; die Masse der abgeschossenen Kugel aber betrage 1,50 Pfd., so wird die Geschwindigkeit der Kugel 900 und 1,50 oder 901,50 mal 0,75 oder 676,125 Fuß ausmachen.

Bei dem Einrammen starker Pfähle für den Grundbau, z. B. von Festungswerken rc., kann durch die oben angegebenen Lehren vom Stoß die Belastung, welche solche Pfahlwerke zu tragen im Stande sind, bestimmt werden; nehmen wir an, daß ein Rammklotz von 2000 Pfd. Schwere einen Pfahl von 1000 Pfd. Schwere in 25 Schlägen nur noch $\frac{1}{4}$ Zoll tief eintreibt, so treibt jeder Schlag ihn nur $\frac{1}{4}$ getheilt durch 25 oder $\frac{1}{100}$ Zoll hinein; fällt nun der Rammklotz von einer Höhe, die $3\frac{3}{4}$ Fuß beträgt, was, wenn wir den Fallraum eines Körpers in der ersten Secunde in runder Zahl zu 15 Fuß annehmen, grade $\frac{1}{4}$ dieses Fallraums ausmacht, so hat der Rammklotz zur Durchlaufung dieses Raumes grade $\frac{1}{2}$ Secunde Zeit gebraucht, weil ja der Weg sich wie das Quadrat der Zeit verhält und von $\frac{1}{2}$ das Quadrat $\frac{1}{4}$ ist; in dieser halben Secunde Zeit hat er aber eine Geschwindigkeit von 15 Fuß erreicht; da der Pfahl nur halb so schwer, als der Rammklotz ist, so erhält er im Augenblick des Stoßes eine Geschwindigkeit von 10 Fuß — Seite 98 rc. — und mit dieser Geschwindigkeit würden Klotz und Pfahl nach dem Zusammentreffen fortgehen, wenn weder Schwere, noch Widerstand vorhanden wäre. Um nun den Widerstand zu beurtheilen, welcher schon beim Vorrücken des Rammklotzes und Pfahles um $\frac{1}{100}$ Zoll oder $\frac{1}{1200}$ Fuß diese Geschwindigkeit zerstört, so ist zu überlegen, daß, wenn man einen Körper mit 10 Fuß Geschwindigkeit aufwärts wirft, derselbe, da er bei 30 Fuß Geschwindigkeit nach den früher entwickelten Gesetzen in runder Zahl 15 Fuß steigt, hier nur $\frac{1}{3}$ Secunde Zeit brauchen und in dieser $\frac{1}{3}$ Secunde $\frac{1}{3}$ mal $\frac{1}{3}$ mal 15, oder $\frac{1}{9}$ mal 15 oder $\frac{5}{3}$ Fuß Höhe erreichen wird; diese $\frac{5}{3}$ Fuß oder $\frac{2000}{1200}$ Fuß Höhe sind nöthig, damit die Schwere eine Geschwindigkeit von 10 Fuß überwindet; nun wird aber durch den Widerstand des Erdbodens diese Geschwindigkeit schon bei einem Fortrücken von $\frac{1}{1200}$ Fuß zerstört, es muß also der Widerstand, welchen der Erdboden dem

Eindringen des Pfahles entgegenstellt, 2000 mal größer sein, als die Schwerkraft, und es würde deshalb der Pfahl ohne Stoß erst anfangen einzudringen, wenn er das 2000fache Gewicht von dem, was er jetzt trug, als Belastung erhielte; sein jetziges Gewicht beträgt aber mit dem Rammklotz 3000 Pfd., und man wird also eine Last von 2000 mal 3000 Pfd. oder 6 Millionen Pfd. darauf legen müssen, um ihn zum Eindringen zu bringen. Es versteht sich von selbst, daß in der Ausübung die hier berechnete äußerste Gränze der Last nie angenommen werden darf, weil sonst eine zufällige Verminderung des Widerstandes, z. B. Erweichung des Bodens, starke Erschütterung 2c., sogleich ein Sinken herbeiführen würde; man hat solches aber auch nie nöthig, weil die Belastungen bei solchen Bauwerken im Durchschnitt diese äußerste Gränze nie erreichen.

Ganz ähnlich den eben angestellten Betrachtungen müssen die Untersuchungen über das Eindringen der Kanonenkugeln in Erdwälle geführt werden; wäre nämlich der Widerstand des Erdwalles 5000 mal so groß, als die Kraft der Schwere, und eine Kanonenkugel träfe mit 900 Fuß Geschwindigkeit darauf, so würde man zunächst ermitteln, bei wie hohem Steigen die Schwerkraft eine Geschwindigkeit von 900 Fuß zerstört, was in runder Zahl etwa bei 13500 Fuß geschieht, und nun bestimmen, bei wie viel Steighöhe dieselbe Geschwindigkeit durch eine 5000 fache Schwere aufgehoben würde, wofür man 33 Zoll erhalten wird, welches Maaß die Tiefe des Eindringens der Kugel bei dem gewählten Beispiel angiebt.

Betrachten wir nun die Wirkung des Stoßes bei elastischen Körpern, so ist nach frühern Erläuterungen klar, daß beide Körper, sobald sie auf einander treffen, ihre Form verändern, und zwar der Art, daß sie beide bis zu einem gewissen Grade zusammengepreßt werden; dieses Zusammenpressen dauert so lange, bis der Widerstand desselben der einwirkenden Kraft des Stoßes gleich ist; sobald dies erreicht, suchen vermöge der Elasticität alle zusammengepreßte Theile mit derselben Kraft, mit der sie zusammengedrückt wurden, ihre Form wieder herzustellen, und äußern demnach gegen die auf sie wirkende Kraft eine gleich große Rückwirkung vorausgesetzt, daß die Körper vollkommen elastisch sind.

Diese Rückwirkung strebt dahin, die Körper wieder aus einander zu treiben, und es werden demnach solche Körper mit derselben Kraft, mit welcher sie auf einander stießen, nach entgegengesetzten Richtungen wieder aus einander gehen, so daß, wenn sie sich mit 4 Fuß Geschwindigkeit begegneten, sie nun auch mit 4 Fuß Geschwindigkeit wieder aus einander schnellen.

Nehmen wir an, eine ruhende Kugel wird von einer gleich großen Kugel mit 4 Fuß Geschwindigkeit getroffen, so wissen wir, daß, wenn beide unelastisch sind, sie zunächst beide eine Geschwindigkeit von 2 Fuß annehmen würden; sind sie aber elastisch, so bringt die Kraft der Elasticität bei der getroffenen Kugel eine abermalige Geschwindigkeit von 2 Fuß, bei der anstoßenden aber einen nochmaligen Verlust von 2 Fuß hervor, und es muß also die getroffene Kugel mit 4 Fuß Geschwindigkeit weiter gehen, während die anstoßende zur Ruhe kommt, d. h. die Kugeln haben ihre Geschwindigkeiten vertauscht. — Eine solche Vertauschung der Geschwindigkeit wird aber immer statt finden, wenn die Kugeln von gleicher Schwere sind, denn wenn die eine A 5 Fuß Geschwindigkeit hat, und eine andere B ihr mit 7 Fuß Geschwindigkeit folgt, so würde, wenn sie nicht elastisch wären, B an A beim Zusammentreffen 1 Fuß Geschwindigkeit abgeben, und beide würden mit 6 Fuß Geschwindigkeit abgehen; wegen der Elasticität erhält aber A noch 1 Fuß Geschwindigkeit mehr und geht also mit 7 Fuß weiter, während B ebenso noch 1 Fuß an Geschwindigkeit verliert und nur noch mit 5 Fuß ihren Weg fortsetzt ꝛc. — Bei ungleich schweren Kugeln wird die Rechnung sich ganz ähnlich gestalten, denn wenn der Kugel A von 2 Pfd. mit 4 Fuß Geschwindigkeit, eine andere B von 1 Pfd. Gewicht mit 7 Fuß Geschwindigkeit folgt, so würden nach dem Zusammentreffen beide (ohne Elasticität angenommen) mit 5 Fuß Geschwindigkeit fortgehen, wobei also A 1 Fuß Geschwindigkeit gewinnt, B aber 2 Fuß Geschwindigkeit verliert; die Elasticität verdoppelt diesen Gewinn wie Verlust, und es wird deshalb bei elastischen Körpern A mit 6 Fuß Geschwindigkeit, B aber nur mit 3 Fuß weiter gehen.

Alle hier entwickelte Gesetze für den Stoß elastischer Körper lassen sich durch Versuche mit dem Perkussionsapparat, wenn man elfenbeineren Kugeln dazu nimmt, beweisen, und die Resultate stimmen mit den in vorstehenden Betrachtungen angegebenen genau überein. — Hängt man an diesen Apparat mehrere gleiche Kugeln von Elfenbein in einer Reihe auf, z. B. 7 Stück, so daß sie sich berühren, aber nicht drücken, und man hebt die erste Kugel auf und läßt dieselbe gegen die zweite schlagen, so bleiben alle Kugeln in Ruhe, bis auf die siebente, welche mit derselben Geschwindigkeit abfliegt, mit der die erste anschlug; die Sache ist erklärlich, wenn man der vorher erläuterten Gesetze sich erinnert; indem nämlich die erste Kugel an die zweite schlägt, theilt sie letzterer ihre ganze Geschwindigkeit mit und kommt selbst in Ruhe; die zweite tritt nun in dasselbe Verhältniß zur dritten, in welche die erste zu ihr vor dem Anstoß stand; das Spiel wiederholt sich, indem die zweite Kugel ihre Bewegung der dritten mittheilt, selbst aber zur Ruhe kommt; die dritte dasselbe an der vierten ausübt, und so fort, bis endlich die siebente keine Kugel mehr findet, an welche sie ihre Bewegung abgeben kann, um zur Ruhe zu kommen, und also mit dieser Bewegung abspringen muß. Hebt man die beiden ersten Kugeln auf, und läßt sie gegen die dritte schlagen, so fliegen die beiden letzten, die sechste und siebente nämlich, mit derselben Geschwindigkeit, welche die beiden ersten beim Anstoß auf die dritte ausübten, ab, alle andern bleiben in Ruhe; die Sache ist erklärlich, wenn man annimmt, daß die dritte Kugel in der That 2 Schläge erhält, wenn solche auch sehr schnell auf einander folgen, denn die beiden ersten Kugeln gehen gegen die dritte, ohne sich selbst zu drücken, da sie während der Bewegung gleiche Bogen beschreiben, die zweite stößt an die dritte und dieser Stoß pflanzt sich auf obige Art fort und nöthigt die siebente Kugel zum Abfliegen; in dem Augenblick aber, wo die dritte Kugel den Stoß von der zweiten erhielt, stößt die erste Kugel auch auf die zweite, und durch die Fortpflanzung des Stoßes wird nun abermals die letzte, jetzt die sechste, genöthigt abzufliegen, so daß also die letzten beiden Kugeln abfliegen müssen. Es wird leicht sein, diese Betrachtungen fortzusetzen und daraus die Erscheinungen bei 3, 4 u. s. w. Kugeln zu erläutern, überhaupt zu erklären, daß immer grade so viel Kugeln abfliegen, als man anstoßen läßt.

Sind die Kugeln ungleich an Masse, und zwar der Art, daß die Masse bei jeder folgenden abnimmt, so wird die Geschwindigkeit bei jeder folgenden Kugel zunehmen, wenn sie neben einander hängen und die größere oder erste den Anstoß beginnt, weil der Zuwachs an Geschwindigkeit bei der kleinern oder leichtern Kugel immer im Verhältniß zu der Schwere der größern Kugel, von welcher sie getroffen wird, steht, wie oben gezeigt worden. Umgekehrt wird die Geschwindigkeit abnehmen, wenn die Massen der Kugeln von der ersten an zunehmen, und es bietet die Mathematik Mittel, diese Zu- und Abnahme der Geschwindigkeit zu berechnen, die wir aber hier nicht voraussetzen können. Das Gesetz, nach welchem dieses Steigen oder Fallen der Geschwindigkeit geschieht, besteht darin, daß man die Geschwindigkeit jeder Kugel findet, wenn man die Geschwindigkeit der ersten Kugel mit dem Produkt multiplicirt, welches entsteht, wenn die Zahl, die das Wachsen der Masse angiebt, einmal weniger, als die Zahl der Kugel, für welche die Berechnung geschieht, zur Multiplication mit sich selbst angesetzt wird. Z. B. die erste Kugel habe eine Geschwindigkeit von 3 Fuß; die Abnahme der Gewichte für jede folgende Kugel betrage 2 Pfd., so ist die Geschwindigkeit der fünften Kugel 2 mal 2 mal 2 mal 2 mal 2 oder 3 mal 16 oder 48. — Wie sich die Rechnung bei gleichförmiger Zunahme der Masse gestaltet, ergiebt sich von selbst.

Elfenbein ist sehr elastisch, weshalb auch bei Anwendung dieses Stoffes die Versuche mit den Berechnungen sehr genau übereinstimmen; wählt man dagegen minder vollkommen elastische Körper, als Blei, Kupfer, Stahl rc., so weichen die Resultate der Versuche von denen der Berechnung bedeutend ab, doch können die Versuche mit solchem Körper zugleich eine Art von Maaßstab für die Elasticität der Stoffe selbst abgeben.

Es lassen sich aus den entwickelten Gesetzen für den Stoß elastischer Körper manche auffallende Erscheinungen erklären, wie z. B. das Sprengen der Felsen durch Pulver, wenn man den Raum über dem Pulver nur durch losen Sand ausfüllt, wo beim Abbrennen des Pulvers meist nur die obere Sandschicht in die Höhe geworfen wird, während die unteren, in Ruhe bleibend, der Wirkung des Pulvers Widerstand leisten; eben so beruht darauf der vermehrte Widerstand von mehreren Kugeln, die zugleich in ein Geschütz geladen werden, und es ist wahrscheinlich, daß dieser Widerstand bedeutend gesteigert werden müßte, wenn man die Kugel von verschiedenen Stoffen wählte, und sie in solcher Reihefolge einladete, daß die Massen nach vorn zunehmen, z. B. zunächst auf das Pulver eine Kugel von Holz oder Zink, hierauf eine von Eisen, dann eine von Zinn, hierauf eine von Messing oder Bronze, dann eine von Blei ꝛc., obgleich der Unterschied in der Elasticität einige Modificationen in der nach der Theorie zu erwartenden Wirkung hervorbringen wird.

Wenn man eine Elfenbeinkugel von einer bestimmten Höhe auf eine feste Unterlage, eine Marmorplatte z. B., fallen läßt, so prallt sie in derselben Richtung zurück; wird die Platte mit einer dünnen Lage von Fett bestrichen, so zeigt sich nach dem Fall ein Kreis auf der Stelle, wo die Kugel aufschlug, welcher von dem durch die Elasticität entstehenden augenblicklichen Zusammendrücken oder Abplatten der Kugel herrührt, und bei subtil angestelltem Versuch wird dieser Kreis in der That auch größer, je bedeutender die Geschwindigkeit der Kugel ist, oder je höher sie fällt.

Sehr mannigfaltig sind die Veränderungen durch den Stoß, wenn die Richtung desselben nicht concentrisch sondern excentrisch ist, doch gehören die Untersuchungen darüber der höhern Mathematik an, weshalb hier bloß zu erwähnen, daß jeder excentrische Stoß immer eine Bewegung des Körpers um den Schwerpunkt hervorbringt, und es wird eben dadurch die Rotation der Kanonenkugeln ꝛc. zum großen Theil erzeugt, weil der Mittelpunkt der Masse und der Schwerpunkt derselben nie genau zusammenfallen. Dieses Gesetz ist übrigens so allgemein, daß selbst bei zwei Körpern, welche mit einander z. B. durch eine Stange, Kette oder Band verbunden, wenn ein excentrischer Stoß statt findet, eine Bewegung um den gemeinschaftlichen Schwerpunkt beider Körper sich erzeugt. Aus diesem Grunde ist z. B. das Schießen mit Kettenkugeln oder ähnlichen Geschossen so äußerst unsicher und zwecklos, weil hier unbedingt immer ein excentrischer Stoß statt finden muß. Ja es gilt dies Gesetz noch in seiner ganzeu Strenge selbst bei Körpern, welche durch kein sichtbares Band zusammenhängen, sondern nur durch eine anziehende Kraft mit einander in Verbindung stehen, wie z. B. die Himmelskörper unseres Sonnensystems durch die Gravitation.

Auch der schiefe Stoß bringt mannigfache Veränderungen in der Bewegung hervor, und zwar findet unter sonst gleichen Umständen hier das allgemeine Gesetz statt, daß der elastische Körper, welcher an einen ruhenden ebenfalls elastischen Körper stößt, immer unter demselben Winkel und mit derselben Geschwindigkeit wieder abprallt, mit der er angekommen. Gesetzt, in Fig. LIII. werde der elastische Körper C gegen den ebenfalls elastischen, aber ruhenden Körper G (etwa eine Wand) in der Richtung AC gestoßen, so kann man nach den Gesetzen für die Theilung der Kräfte die Kraft AC in die beiden Kräfte BC und DC zerlegen; nach den Gesetzen für den Stoß elastischer Körper würde die Kraft DC den Körper in derselben Richtung DC und mit derselben Geschwindigkeit zum Zurückprallen nöthigen, die Kraft BC aber ihn in der Richtung CF mit gleicher Geschwindigkeit forttreiben. Formirt man nun das Parallelogramm der Kräfte DCFE, so giebt CE die Richtung und Geschwindigkeit an, in welcher sich der Körper C nach dem Anstoß bewegen muß, und es ist leicht einzusehen, daß der Winkel ACB ganz gleich mit ECF sein muß, weshalb auch das Abprallen der Kugeln unter demselben Winkel statt findet, unter der sie die Wand G getroffen.

Aus diesem Gesetze der Abprallung elastischer Körper beim Stoß auf andere war die Wirkung des sogenannten Pricollschußes begründet, der vielleicht in einzelnen Fällen bei Festungswerken nicht ganz ohne Erfolg sein möchte, obgleich seiner systematischen Anwendung einige Schwierigkeiten in den Weg treten werden.

Wenn einer von den Körpern nicht vollkommen elastisch ist, so wird dadurch die Bewegung in so fern geändert, als der Abprallungswinkel und eben so die Geschwindigkeit kleiner wird, als beide vor dem Stoß waren, denn in diesem Falle wird, Fig. LIV., die Kraft BC in der Richtung CF dasselbe leisten, wie vor dem Stoß, die Kraft DC wird aber zum Theil aufgehoben, oder verringert. Gesetzt sie sei bis auf CH vermindert, so wird CE die neue Bewegung anzeigen, und es ist leicht einzusehen, daß CE kleiner als CA, und eben so der Wirbel ECF kleiner als ACB.

Der hier abgehandelte Fall tritt bei dem Rikoschett- und Rollschuß ein, wobei noch das mehr oder mindere Eindringen der Kugeln den Abprallungswinkel nach dem Aufschlage mitbedingt; denn wenn in Fig. LIV.a die Kugel in der Richtung ab den Erdboden AB trifft und bis b eindringt, so wird die Linie cd auf die Richtung von ab senkrecht die Ebene darstellen, von welcher die Abprallung nach der Richtung be geschieht, woraus klar hervorgeht, daß mit der Festigkeit des Bodens ꝛc. der Winkel eCB, welchen man den Abprallungswinkel nennt — ob es gleich streng genommen ebd ist, — sehr verschiedene Form selbst bei ein und demselben Einfallswinkel annehmen kann. Hätte man ein bestimmtes Maaß für die Rückwirkung aller unvollkommen elastischen Körper, so würde sich die Theorie des schiefen Stoßes leicht vollkommen begründen lassen; da dies aber bis jetzt fehlt, muß das Gesagte genügen.

Beschluß der Lehre von den festen Körpern.

Ueber die Unregelmäßigkeit der Bewegung an den Maschinen.

Jede Maschine hat bei ihrer Bewegung außer den schon oben erwähnten Hindernissen noch mit manchen andern Schwierigkeiten zu kämpfen, die besonders auf die Regelmäßigkeit ihres Ganges einen wesentlichen Einfluß äußern und, indem sie dieser Regelmäßigkeit störend entgegenwirken, bei der Anwendung manche Unbequemlichkeit erzeugen. Zu diesen Einwirkungen gehören zunächst bei Räderwerken die Formen der Zähne und Triebstöcke. Man sieht leicht ein, wenn man sich den Gang eines Räderwerks versinnlicht, daß, wenn Triebstöcke und Zähne eine nach der Form der Oberfläche eines Cylinders oder Kegels abgerundete Gestalt haben, der Angriff beider Theile auf einander, anfänglich auf einen Punkt statt findend, nach und nach in ein Quetschen übergehen muß, bis sich beide Theile wieder durch ihre besondere Drehung aus einander gewunden und dieses Spiel mit einem neuen Paar beginnt. Macht man sich eine Zeichnung von diesem Eingreifen, in einen etwas großen Maaßstab, so wird diese Erscheinung noch deutlicher. Es geht aber daraus hervor, daß die cylindrische Form der Triebstöcke und die nach dieser Art abgerundete Form der Zähne eines Rades durchaus unzweckmäßig ist. Wenn man in Fig. LV. den Kreis B auf der Peripherie des Kreises A sich fortbewegt denkt, bis der Punkt a, welcher in der Stellung B den Kreis A berührt, denselben in der Stellung B′ wieder in b berührt, so beschreibt dieser Punkt a eine krumme Linie acb von einer andern Beugung, als die Kreislinie. Man nennt sie Epicycloide. Es leuchtet ohne besondere Erläuterung ein, daß die hier erwähnte Bewegung bei dem Eingreifen der Räder in Drillinge ꝛc. statt findet und daß die Zähne ꝛc. dergleichen Epicycloiden beschreiben, und in der That ist es auch diese Linie, nach deren Form die Kämme oder Triebstöcke eines Räderwerks, besonders wenn solche im größern Maaßstabe ausgeführt werden, abgerundet sein müssen, wenn im Gange desselben jedes Stoßen und Quetschen vermieden werden soll. Denkt man sich in Fig. LVI. einen Kreis A auf einer graden Linie BC fortbewegt, bis der Punkt a in der Lage A′ wieder in b die Linie BC berührt, so beschreibt der Punkt a eine Linie acb, welche man Cycloide oder Radlinie nennt. Bei einer Maschine wo, wie in Fig. LVII. durch die Kämme eines Rades A, Stampfen oder Hämmer B (z. B. in Oelmühlen, Pulver-Stampfmühlen, Hammerwerken ꝛc.) in die Höhe gehoben werden sollen, tritt, wie sich leicht einsehen läßt, diese Art der Bewegung ein, indem die Angriffspunkte der Kämme solche Linie beschreiben, und es ist klar, daß die Kämme oder Dauben D am besten nach der Form der Cycloide abgerundet werden, wenn sie ihren Zweck erfüllen sollen. Für die Praxis hat man mancherlei Hülfsmittel, die beiden hier angeführten Linien, die in der Mechanik so oft vorkommen, auf eine sehr leichte Art nach jedem gegebenen Verhältniß zu zeichnen, und man besitzt besondere Zirkel dazu, deren Handhabung sehr einfach ist, ihre Beschreibung gehört jedoch der praktischrn Mechanik an.

Wenn Fig. LVIII. A ein Rad vorstellt, an dessen Welle C eine Kurbel CB befestigt ist, die sich mit dem Rade herumbewegt und dieses Rad entweder mit einer andern Maschine in Verbindung setzt, oder woran unmittelbar Menschenkräfte zur Bewegung einer Last wirken ꝛc., so wird bei der Bewegung des Rades um seine Axe, wenn Q das an der Kurbel zu überwindende Gewicht ausdrückt, das statische Moment der Kraft in jeder Stellung des Rades ein anderes, weil der Hebelsarm CB nach den verschiedenen Stellungen der Kurbel, CB, CB′, CB″, CB‴ ꝛc. sich ändert, indem er zu Anfang die Länge CB in der Stellung CB′, aber nur die CD in der Stellung CB″ die von CE besitzt, und in der Stellung CB‴ Null wird. Man sieht leicht ein, wie bei Fortsetzung der Bewegung sich dieses Spiel in umgekehrter Ordnung auf der andern Seite wiederholt, und dies bei jeder Umdrehung des Rades wiederkehrt. Ist nun bei einer solchen Maschine eine Kraft von bestimmter Größe zur Bewegung derselben in Thätigkeit, so leuchtet ein, daß diese Kraft bald schwerere, bald leichtere Arbeit finden, und daß dadurch bald eine schnellere bald eine langsamere Bewegung der Maschine hervorgebracht wird. Solche Unregelmäßigkeit ist aber nicht allein für den Zweck der Maschine, sondern auch für ihre Dauer von außerordentlichem Nachtheil, und man muß bemüht sein, dieselbe zu beseitigen. Bei einer einfachen Bewegung mittelst Kurbeln durch Menschenhände hilft man sich dadurch, daß man die Kurbeln an beiden Enden der Welle nicht in ein und dieselbe Ebene legt, sondern sie vielmehr so anbringt, daß die durch sie gelegten Ebenen einen stumpfen Winkel mit einander bilden, wodurch, wenn der Moment des leichtern Gehens der Maschine auf einer Seite eintritt, der entgegengesetzte auf dem andern Ende statt findet und dadurch einigermaßen eine Ausgleichung entsteht; bei größern zusammengesetzten Maschinen reicht diese Einrichtung jedoch nicht aus, und man hat hier zu den Gesetzen des **Pendels** seine Zuflucht genommen, um den Gang der Maschinen zu reguliren. Die sinnreichste und erste Anwendung des Pendels zur Regulirung des Ganges der Maschinen hat man bei den **Uhren** gemacht, wo mittelst des Pendels, ohne sonst an dem Uhrwerk selbst etwas zu ändern, durch Verlängerung oder Verkürzung des Pendels der Gang der Uhr verzögert, oder beschleunigt werden kann. In wie fern das Pendel hier wirkt, ist ohne nähere Erläuterung aus dem früher Gesagten ersichtlich; die speciellern, mit vielen mechanischen Feinheiten verknüpften Einrichtungen der verschiedenen Pendel an Uhren gehören nicht hierher.

Bei größern Maschinen bringt man die Gleichförmigkeit des Ganges durch sogenannte Schwungräder hervor, welche von beträchtlicher Masse — Schwere — sind, und in allen ihren Theilen im Gleichgewicht stehen; sie wirken ganz dem Pendel ähnlich, nur daß sie anstatt der wiederkehrenden Schwingung den ganzen Umlauf vollenden. Die Geschwindigkeit der Schwungräder richtet sich durchaus nach der Konstruktion der Maschine, und zwar gilt als praktische Regel, daß man sie so einrichte, daß die Maschine, wenn sie im Gange ist, und man die wirkende Kraft auf einmal ruhen läßt, durch das Schwungrad allein während eines ganzen Umlaufs in allen ihren Theilen in Bewegung erhalten wird. Auf welche Weise die nöthige Geschwindigkeit bei solchem Schwungrade erreicht werden kann, wird aus der Lehre von den Räderwerken ersichtlich, und wenn man diese gehörig verstanden, kann es nicht schwer sein, durch einfache Zusammenstellungen jede geforderte Geschwindigkeit hervorzubringen. Bei vielen Maschinen wirken schon die einzelnen Theile der Maschine selbst als Schwungräder, wie z. B. bei den Mühlen, besonders den Windmühlen, wo einmal die Flügel ein Schwungrad bilden, das andere mal die Mühlsteine selbst nichts anderes als solche Schwungräder sind, und es kommt hauptsächlich bei ihnen darauf an, diese beiden Schwungräder — Flügel und Stein — in Uebereinstimmung zn bringen, um der Mühle den möglichst geregelten Gang zu geben. Auf dieser Wirkung der Flügel und Steine als Schwungräder beruht auch die im ersten Augenblick auffallende Erscheinung, daß eine Windmühle in der Ausübung immer mehr leistet, als die mechanische Berechnung ihrer Kraftäußerung ergiebt. Bringt man die Schwungwirkung beider oft genannten Theile bei der Berechnung mit in Anschlag, was allerdings nicht zu den ganz leichten Aufgaben gehört, so wird dieser Unterschied zwischen Theorie und Praxis sich ausgleichen und die möglichste Uebereinstimmung statt finden.

Bei Maschinen, wo es in der Natur der bewegenden Kraft liegt, sich von selbst bald zu steigern, bald zu vermindern, wie z. B. bei Anwendung des Dampfes, des Wassers rc. hat man sehr sinnreich die Wirkung der Centrifugal- oder Fliehkraft zur Regulirung auf nachstehende Weise benutzt: AB, Fig. LIX., ist eine Stange, bei C mit einem Rade versehen, welches durch ein anderes Rad D mit der Maschine in Verbindung gesetzt ist, und zwar auf die Art, daß die Stange AB dieselbe Geschwindigkeit, als die Maschine überhaupt erhält; auf der Stange AB befindet sich ein Schieber E, welcher durch die Hebel EG und EF mit zwei andern Hebeln GK und FI, die in H ihren Drehpunkt haben und bei I und K mit Kugeln versehen, in Verbindung gesetzt sind; dieses ganze Hebelsystem bewegt sich mit der Stange AB um deren Axe. An den Schieber E ist eine Schnur angebracht, die bei L über eine Rolle läuft und in M mit einem Ventil oder einer Klappe in Verbindung steht, welche durch ihre eigene Schwere die Dampfröhre oder Wasserrinne verschließen, sobald sie aber gehoben werden, entweder dem Dampf, oder dem Wasser einen freien Abfluß gestatten und dadurch die Spannung, mithin die Kraftäußerung vermindern. Das Ganze ist so eingerichtet, daß bei der nöthigen Geschwindigkeit der Maschine die Klappe oder das Ventil bei M verschlossen bleibt; wird die Geschwindigkeit größer durch eine bedeutende Spannung der Kraft, so bewegt sich die Stange AB, mithin auch die Kugeln I und K schneller; die Centrifugalkraft letzterer nimmt zu, und sie gehen aus einander, etwa in die Lage I'K'; dadurch wird der Schieber E nach E' herunter gezogen und die Klappe oder das Ventil nach M' gehoben oder geöffnet; der Dampf oder das Wasser erhält einen Nebenabfluß, die Spannung wird vermindert und zwar so weit, bis das ursprüngliche Verhältniß wieder hergestellt ist und die Kugeln I und K durch verminderte Geschwindigkeit ihre größere Fliehkraft verlieren und in ihre normale Lage wieder zurücksinken. Es ist begreiflich, wie durch diese Einrichtung eine beständige Wiederholung dieses Spieles bei der Maschine statt finden muß, sobald eine übermäßige Spannung der bewegenden Kraft statt findet, und wie dadurch der Gang der Maschine sich immer von selbst regelt, oder in den normalen Zustand setzt; ein Vortheil, der besonders in Pulvermühlen bei Bewegung der Maschinen, welchen das Mengen der Bestandtheile obliegt, sobald Wasserkraft angewendet wird, nie unbenutzt gelassen werden sollte.

Von den bewegenden Kräften bei Maschinen.

Die Kräfte, welche eine Maschine in Bewegung setzen, sind entweder belebte, oder leblose. Zu den erstern gehören die Kräfte der Menschen und Thiere; zu den letzten die Gewichte, Federkraft, Wasser, Wind, Dampf ꝛc. Der Unterschied in der Anwendung beider Arten von Kräfte liegt besonders darin, daß man von den belebten Kräften immer nur eine bestimmte Zeit Gebrauch machen kann und dann wieder Ruhe oder Erholung eintreten lassen muß; auch giebt es eine bestimmte Gränze, besonders in Beziehung auf die Geschwindigkeit, die man bei den belebten Kräften nie überschreiten kann. Bei den leblosen Kräften hingegen steht der Anwendung sowohl in Bezug auf die Zeitdauer, als auch in Bezug auf die Geschwindigkeit kein Hinderniß im Wege, und es begründet sich der Unterschied in der Mechanik der Alten und der Neuern auf die Anwendung dieser Kräfte. In früherer Zeit kannte man fast keine andern Kräfte, als die der Menschen und Thiere, zur Bewegung der Maschinen, während in neuerer Zeit die Anwendung derselben sehr beschränkt worden ist und besonders zu den gewaltigern Leistungen der Maschinen fast nur allein leblose Kräfte verwendet werden. Die Kräfte der Menschen und Thiere beruhen entweder in Anwendung ihrer Muskelkraft, oder ihrer Schwere, oder in beiden vereint. — Am deutlichsten tritt die Anwendung der Muskelkräfte der Menschen bei der drehenden Bewegung durch Kurbeln hervor, und schon aus Früherm ist ersichtlich, wie hier die Kraftäußerung durch die Maschine selbst in verschiedenen Momenten der Bewegung auch verschieden ausfällt. Diese Verschiedenheit wird durch die Art der Anwendung ihrer Kraft, wenn die Maschine durch Menschen in Bewegung gesetzt ist, vermehrt, indem die größte Kraft in dem Moment ausgeübt wird, wo die Kurbel von den Knien aus in die Höhe sich erhebt, weil hier Muskelkraft und Schwere zugleich wirken; die kleinste aber dann, wenn die Kurbel auf der höchsten Höhe angelangt und abgestoßen wird, da hier der Körper im Gleichgewicht erhalten werden muß, um nicht nachzufallen, und also ein Theil der Kraft auf die Erhaltung der Stellung selbst verwendet wird. Durch Erfahrungssätze ist festgestellt, daß ein Mensch an einer Kurbel bei anhaltender Arbeit nicht über 30 Pfd. Kraft anwenden kann; giebt man der Welle dagegen an beiden Enden Kurbeln, so kann man annehmen, daß zwei Mann, jeder an einer Kurbel arbeitend, zusammen eine Kraft von 70 Pfd. anhaltend auszuüben im Stande sind. Beim Tragen von Lasten kann ein Mensch 150 Pfd. bis 180 Pfd. auf seinen Schultern tragen und damit einen Weg von 3000 bis 4000 Schritt in einer Stunde zurücklegen. Diese Tragkraft des Menschen ist verhältnißmäßig weit bedeutender, als bei Pferden, was darin liegt, daß der Mensch in seiner aufrechten Stellung die Last durch seine Glieder in senkrechter Richtung oder in der Richtung der Länge aller Knochen 2c. unterstützt, während beim Pferde die Last auf den in horizontaler Richtung liegenden Gliedern 2c. ruht.

Ein Pferd äußert seine größte Kraft im Zuge, wobei vermöge seines Baues die vortheilhafteste Zugrichtung die ist, wo der Zugstrang mit seiner Brust nicht in wagerechter Richtung liegt, sondern sich etwas nach unten neigt. Durch Erfahrung ist bekannt, daß ein Pferd 200 Pfd. Kraft mit einer Geschwindigkeit von 2500 Schritt in der Stunde anhaltend ausüben kann, und darnach wird auch die Bespannung von Fahrzeugen, deren Belastung man kennt, bestimmt werden müssen, wobei jedoch noch auf die zuweilen anhaltend schnellere Bewegung — z. B. der Geschütze — die öfters gefordert wird, Rücksicht zu nehmen, und deshalb nie das Maximum der Leistung der Berechnung zum Grunde gelegt werden darf. Die Hauptanwendung der Zugkraft der Pferde zur Bewegung von Maschinen findet in den sogenannten Roßbahnen statt, wo die Pferde in einer kreisförmigen Bahn herumgehen. Es ist leicht ersichtlich, daß die Richtung ihrer Kraft eigentlich immer in den Tangenten der Kreisbahn statt findet und daß ein Biegen des Pferdes im Kreise seinem natürlichen Gange zuwider, folglich auch der Anwendung seiner vollen Kraft hinderlich ist. Aus diesem Grunde darf eine Roßbahn nie einen zu kleinen Durchmesser haben. Durch Versuche hat sich ergeben, daß der vortheilhafteste Durchmesser einer solchen Bahn 40 Fuß ist; in diesem Fall übt ein Pferd so viel Kraft aus, als 5 bis 7 Menschen; sobald sich aber der Durchmesser verringert, nimmt dies Verhältniß sehr nachtheilig ab, so daß bei 19 Fuß Durchmesser ein Pferd nicht mehr leistet, als drei Menschen.

Von den leblosen Kräften braucht man die Gewichte besonders bei Versuchen und bei kleinern Maschinen, wo es weniger auf Ausübung einer bedeutenden Kraft ankommt, mit vielem Vortheil, da sie ein sehr bequemes Maaß für die bewegende Kraft abgeben. Bei Maschinen, die eine große Wirkung äußern sollen, sind sie nicht anwendbar, weil sie einen sehr großen Weg durchlaufen müssen, um zu wirken, da ja Kraft zur Last sich wie umgekehrt die Wege beider verhält, und weil ihre Wirkung eine beschleunigte, also ungleichförmige ist, indem hier die Gesetze des freien Falls eintreten, was in den meisten Fällen, wo eine gleichförmige Bewegung die Hauptbedingung der Maschinen, störend ist; auch muß man sie, wenn sie einen bestimmten Weg durchlaufen haben, immer wieder an den Anfangspunkt zurückbringen, um ihre Wirkung zu erneuern, was ebenfalls für die Anwendung große Unbequemlichkeit mit sich führt. Als Gegenkraft, um Regulirung hervorzubringen, werden sie jedoch oft auch bei größern Maschinen angebracht. Ihre Hauptanwendung finden sie bei größern Uhrwerken, wo alle angeführten Nachtheile von weniger Einfluß, und wo es weniger auf eine bedeutende Kraftäußerung ankommt. Wie hier die Regulirung ihrer Wirkung geschieht, geht aus dem hervor, was oben über Anwendung des Pendels für diesen Zweck gesagt worden.

Von der Anwendung der Federkraft gilt dasselbe, was eben von den Gewichten gesagt worden. Bei größern Maschinen werden sie als bewegende Kraft nie angewendet; dagegen sind auch sie bei den Uhrwerken sehr im Gebrauch. Ihre Wirkung ist aus leicht begreiflichen Ursachen ebenfalls ungleichförmig, und zwar am Anfange, im höchsten Grade der Spannung, immer bedeutender, als gegen Ende, wo die Spannung abnimmt. Um diese ungleichförmige Wirkung zu reguliren, macht man die Maschine, auf welche die Feder zunächst wirkt, so, daß sie nach der Zeitdauer der Wirkung, der Feder immer weniger Widerstand entgegensetzt. Der Art sind die Räder der Taschenuhren, auf welchen sich die Kette aufwickelt, welche durch die Spannung der Feder wieder abgewickelt werden muß; sie sind nämlich spiralförmig an ihrem Umfange, so daß die Durchmesser der abzuwickelnden Kreise immer größer werden, wodurch nach den Gesetzen des Rades an der Welle der Widerstand immer geringer, und auf diese Art die abnehmende Kraft der Feder ausgeglichen wird.

Das Wasser, der Wind und die Wasserdämpfe sind leblose Kräfte, deren Anwendung zur Bewegung von Maschinen sehr viele Vortheile gewährt, weshalb sie auch überall, wo es darauf ankommt, eine bedeutende Kraft auszuüben, benutzt werden. Bevor wir aber ihre Anwendung betrachten, ist es nöthig, ihre Natur näher kennen zu lernen, weshalb nach Abhandlung der sich auf sie beziehenden physikalischen Grundlehren erst von ihnen als bewegende Kräfte für Maschinen gesprochen werden kann.

II. Abschnitt der quantitativen Physik.

Die Lehre von den flüssigen oder tropfbarflüssigen Körpern.

Wir verstehen unter tropfbarflüssigen Körpern alle die Körper, deren Theile so lose zusammenhängen, daß sie sich sehr leicht trennen und noch leichter verschieben lassen, die also auch keine selbstständige Gestalt, sondern immer nur die Gestalt des Gefäßes oder des Raumes einnehmen, in welchen sie eingeschlossen sind, wobei noch die Bedingung hinzukömmt, daß sie kein Bestreben sich auszudehnen zeigen, also keine Elasticität besitzen.

Unter allen tropfbarflüssigen Körpern ist es das Wasser, welches am häufigsten verbreitet in der Natur vorkommt und welches auch am Nutzbarsten fürs Leben ist. Es lassen sich am Wasser die physischen Eigenschaften der tropfbarflüssigen Körper am besten erläutern und dann leicht auf alle andern tropfbaren Flüssigkeiten übertragen, weshalb wir diesen Stoff auch hier bei Erörterung der physikalischen Grundlehren von den tropfbarflüssigen Körpern nur allein immer vor Augen haben.

Unter den physikalischen Eigenschaften des Wassers tritt zunächst sein Gewicht hervor. Wie wir bereits oben gesehen, dient dies Gewicht des Wassers zur Bestimmung des specifischen Gewichtes für alle Körper. Man hat deshalb schon in früherer Zeit vielfache sorgfältige Wägungen angestellt und diese in neuerer Zeit oft wiederholt und dabei sehr übereinstimmende Resultate gefunden. Nach den neuesten Wägungen, worauf auch die neuere preußische Gewichtsordnung begründet ist, wiegt ein Cubikzoll reines Wasser $1\frac{2}{9}$ preußische Loth, wobei jedoch eine bestimmte Temperatur, nämlich 15° R, vorausgesetzt ist.

Preßbarkeit, Ausdehnbarkeit und Federkraft besitzt das Wasser nach allen angestellten Versuchen entweder gar nicht, oder in so geringem Grade, daß sie mit den bis jetzt zu Gebote stehenden Mitteln schwer entdeckt werden können, weshalb man vollkommen berechtigt ist, diese Eigenschaften als nicht vorhanden anzunehmen. Neuere Versuche haben allerdings gezeigt, daß das Wasser Elasticität besitze, doch ist dieselbe so gering, daß sie bei den Gesetzen der Hydrostatik und Hydraulik kaum in Betracht kommen darf, da sie bei dem Druck einer Atmosphäre, beiläufig mit 15 Pfd. auf jeden Quadratzoll, wenn man ganz reines destillirtes Wasser anwendet, nur um 48 Milliontel betrug, so daß eine Wassersäule von 30 Fuß Höhe etwa um 0,2 Linien zusammengedrückt wird. Ist das Wasser nicht rein, sondern mit fremden Bestandtheilen vermengt, so wird die Elasticität noch geringer.

Eben so wenig ist das Wasser porös, was durch vielfältige Versuche sich bezeugen läßt, wohin namentlich die gehören, daß man alle Gasarten, die sich nicht chemisch mit dem Wasser verbinden, vollkommen durch Wasser absperren kann, so daß sie keinen Durchgang durch dasselbe finden. So wird aus einer Flasche, welche mit athmosphärischer Luft gefüllt ist, wenn man solche mit der Oeffnung nach unten in ein Gefäß mit Wasser stellt und in dieser Lage noch so lange stehen läßt, keine Luft entweichen ꝛc.

Die Lehre von dem Gleichgewicht und der Bewegung tropfbarflüssiger Körper oder Grundlehren der Hydrostatik und Hydraulik.

Vom Druck der Flüssigkeiten auf den Boden und die Seitenwände der Gefäße — der hydrostatische Druck.

Wir haben schon als Hauptmerkmal der tropfbaren Flüssigkeiten die Eigenschaft der vollkommensten Beweglichkeit aller Theilchen derselben nach allen Richtungen oben berührt; aus dieser Eigenschaft geht nun ein Hauptgrundgesetz für alle tropfbaren Flüssigkeiten hervor, daß nämlich:

I. Jeder Druck, der auf eine tropfbare Flüssigkeit ausgeübt wird, nicht allein in der ihm eigentlichen Richtung wirkt, sondern sich nach allen Seiten auf die Theilchen der Flüssigkeit gleichförmig fortpflanzt, in so fern diese nicht ausweichen können, sondern an den Wänden eines Gefäßes ꝛc. einen hinlänglich starken Widerstand finden.

So z. B. wird in dem mit Wasser gefüllten Gefäß, Fig. LX., das Theilchen F unter der Oberfläche von der darüberstehenden Säule EF gedrückt; mit derselben Kraft aber drückt es auch auf alle umgebenden Theilchen in allen Richtungen, und zieht man die wagrechte Ebene IK, so muß jedes andere Theilchen G, welches in derselben Ebene liegt, eben so stark gedrückt werden, als F selbst, wenn Ruhe statt finden soll. Es ist begreiflich, daß im entgegengesetzten Fall Bewegung eintreten müßte, weil die Theilchen der Flüssigkeit unter einander verschoben würden. Aus diesen Betrachtungen läßt sich ein zweites Grundgesetz für die tropfbaren Flüssigkeiten ableiten; es heißt:

II. Bei jeder tropfbaren Flüssigkeit, wenn sie in Ruhe sein soll, muß in jeder durch sie gelegten horizontalen Ebene vollkommen gleicher Druck statt finden, d. h. ihre Oberflächen müssen horizontal sein. In der lothrechten Ebene hingegen nimmt der Druck von oben nach unten im gleichen Verhältniß mit der Tiefe zu.

In der That wird dieses Grundgesetz durch die Erfahrung auch durchaus bestätigt, da die Oberfläche eines jeden stillstehenden Wassers immer eine vollkommene Horizontalebene vorstellt. Es bleibt dieses Gesetz richtig, welche Form das Gefäß, was die Flüssigkeit enthält, auch annimmt, ja wie die Flüssigkeit im Innern auch unterbrochen wird, wenn nur die verschiedenen Abtheilungen in Gemeinschaft unter sich stehen. Denkt man sich z. B., Fig. LX., in die Flüssigkeit eine Wand EF gesenkt, so wird diese nach dem dritten Grundgesetz Newtons (Seite 15) in jedem Punkte grade so viel Widerstand leisten, als sie gedrückt wird, und es ist also ganz dasselbe, als befänden sich Theile der Flüssigkeit selbst an ihrer Stelle, und die Flüssigkeit wird denselben Stand AD auf ihrer Oberfläche behalten, den sie ohne diese Wand hatte. Wir können uns aber mehrere dergleichen Wände EF, HG, die wieder in FG unter sich verbunden sind, in die Flüssigkeit versetzt denken, der Fall wird immer derselbe bleiben, und wenn nun der ganze Raum EFGH von Flüssigkeit leer ist, so werden die Wände EF, FG, HG, den Widerstand der mangelnden Flüssigkeit übernehmen, und der horizontale Stand der Oberfläche AD wird nicht gestört werden. Deshalb steht auch Wasser, in eine gekrümmte Röhre gefüllt, immer in beiden Schenkeln der Röhre gleich hoch, wie auch der Durchmesser dieser Schenkel verschieden sein mag. Man hat dieses Gesetz benutzt, um ein Instrument, die sogenannte communicirende Röhre oder Wasserwaage, anzufertigen, mittelst dessen man Horizontalebenen in jeder Richtung leicht bestimmen kann und was besonders dazu dient, den Abfall des Terrains zu messen. Es besteht aus einer Röhre AB, Fig. LXI., welche an beiden Enden aufwärts gebogen und mit Glascylindern C, D versehen ist; unten hat die Röhre eine Tille mit Stellschraube, um sie auf ein Gestell (Statif) befestigen zu können. Gießt man in diese Röhre Wasser, so werden die Oberflächen desselben in den beiden Glascylindern nach den obigen Erläuterungen immer in einer Horizontalebene ab liegen, und man darf nur in der Richtung ab über die Wasserflächen in den beiden Glascylindern visiren, um alle Punkte zu finden, welche in einer Horizontalebene liegen. Stangen, mit verschiebbaren Tafeln, dienen dazu, die Verlängerungen dieser Horizontallinien zu markiren und zugleich die Senkung des Punktes vom Boden, wo sie aufgestellt sind, unter der Horizontalebene zu messen. Dies ist im Allgemeinen die Operation des sogenannten Wasserwägens oder Nivellirens, was z. B. jedem Dammbau bei künstlich zu erzeugenden Ueberschwemmungen, jedem Grundbau bei Festungswerken &c. vorangehen muß, damit man den Fall des Terrains kennen lernt und darnach die Höhe der Bauten an verschiedenen Punkten bestimmen kann.

III. **In einem wagrechtstehenden, mit Wasser gefüllten Gefäß wird der Boden desselben immer mit einer Kraft gedrückt, welche so groß ist, als das Gewicht einer senkrechten Wassersäule, die den Boden des Gefäßes zur Grundfläche und die Höhe des Wasserstandes zur Höhe hat, das Gefäß mag dabei eine Form haben, welche es will.**

In Fig. LXII., wo die Gefäße A, B, C, D alle einerlei Grundfläche ab und gleiche Wasserhöhe ac haben, wird der Druck des Wassers auf den Boden ab überall gleich sein, und zwar so groß, als das Gewicht der Wassersäule abcd beträgt; bei dem Gefäß D wird dieser Druck auf den Boden ab von unten ausgeübt, ist aber immer derselbe, da ab eben so groß, als in den andern Gefäßen, und der Wasserstand hg über ab ebenfalls so groß, als ac ist. Diese Erscheinung, für welche man keinen scharfen Beweis aufstellen kann, läßt sich nur dadurch erklären, daß jeder Punkt an den Seitenwänden des Gefäßes eben so stark gegen das Wasser drückt, als es von diesem gedrückt wird, wodurch im Innern der Wassermasse eine Spannung entsteht, die ganz dieselbe Wirkung äußert, als wäre statt der sperrenden Wände ebenfalls Wasser vorhanden; dadurch aber kann mau sich in der Fig. C und D immer die Wassersäule ergänzt denken. Wären die Wände des Gefäßes sehr dünn, so würden sie durch den Druck zerrissen werden. Der oben ausgesprochene Satz läßt sich durch Versuche mit dem sogenannten anatomischen Heber bis zur größten Genauigkeit beweisen, indem der Druck des Wassers durch aufgelegte Gewichte gemessen werden kann. Das Instrument hat allgemein die Form des in D abgebildeten Gefäßes, und man legt auf ab die Gewichte.

Man kann diesen sogenannten hydrostatischen Druck auf mancherlei Weise im Leben zweckmäßig benutzen; so z. B. um aus Stoffen Extracte, farbige oder andere auszuziehen, zu welchem Behufe man ein Gefäß von der Form Fig. LXIII. anwendet, welches eine große Grundfläche ab und eine bedeutende Höhe ao hat, dabei aber in eine ganz dünne Röhre ausläuft. Legt man den auszuziehenden Stoff auf die Grundfläche ab, welche durchlöchert ist, und füllt das Gefäß mit Wasser, oder einer andern erforderlichen Flüssigkeit, so wird diese mit einer Gewalt auf ab drücken, welche so groß ist, als das Gewicht einer Säule der Flüssigkeit von der Form abcd. Die glänzendste Anwendung dieser Eigenschaft der Flüssigkeiten findet man in der Bramah'schen Wasserpresse, wo außer dem hydrostatischen Druck, noch ein Druck auf das Wasser mittelst Pumpen und Hebel die Kraft vermehrt.

Die Einrichtung der Wasserpresse ist im Wesentlichen folgende: F, Fig. LXIII[a], ist ein Wasserbehälter, in welchem eine Pumpe A von sehr geringem Durchmesser steht, die unten mit dem nach dem Innern der Pumpe sich öffnenden Ventil D versehen ist. Diese Pumpe steht durch eine ebenfalls sehr dünne Röhre B mit dem verhältnißmäßig sehr weiten Cylinder C so in Verbindung, daß bei E wieder ein Ventil angebracht ist, welches sich nach dem Innern des jetzt gedachten Cylinders öffnet. In der Pumpe A geht der Kolben H auf und nieder. In dem Cylinder C bewegt sich auf gleiche Weise der sehr dicht schließende Kolben I. Soll die Wasserpresse wirken, so wird der Kolben H in der Pumpe in die Höhe gezogen, und es steigt durch das Ventil D Wasser in die Röhre. Drückt man den Kolben nieder, so schließt sich das Ventil bei D, und das Wasser wird durch die Röhre B nach dem Cylinder C getrieben, indem sich das Ventil E öffnet; dadurch aber wird der Kolben I in die Höhe gedrückt, und dieses Spiel wiederholt sich bei jedem neuen Pumpenzuge. Setzt man nun mit dem Kolben I durch eine Stange K, oder auf irgend eine andere Art, eine Vorrichtung zum Pressen in Verbindung, so wird der Körper X mit großer Gewalt zusammengedrückt werden, und es läßt sich die Kraftäußerung auf nächstehende Weise ermitteln: Wenn der Durchmesser des Kolbens H 2 Linien beträgt, der Durchmesser des Kolbens I aber 4 Zoll, so ist der Flächeninhalt des letztern 551 mal größer, als der des erstern, was sehr bald zu ermitteln, wenn man die kreisförmigen Grundflächen beider Kolben berechnet; und es wird also der Kolben I mit einer 551 mal größern Gewalt in die Höhe steigen, als die beträgt, mit welcher der Kolben H niedergedrückt wird. Setzt man nun mit der Pumpenstange G einen Hebel in Verbindung, bei welchem der Hebelsarm der Last nur den 20sten Theil des Hebelarmes der Kraft ausmacht, so wird ein Mann, wenn er 30 Pfd. Kraft anhaltend anwendet, die Pumpenstange G, oder den Kolben H mit 20 mal 30 oder mit 600 Pfd. Kraft niederdrücken, und es wird also der Kolben I mit einer Gewalt von 600 mal 551 oder mit 330600 Pfd. in die Höhe steigen und den Körper X zusammenpressen. Es ist leicht begreiflich, wie diese Gewalt noch bedeutend gesteigert werden kann, doch muß dabei die Festigkeit des Cylinders C im Auge behalten werden, weil die Wände desselben ebenfalls einen bedeutenden Druck auszuhalten haben und deshalb stark genug sein müssen, um ein Bersten zu verhindern. Man kann die nöthige Festigkeit des Cylinders allgemein finden, wenn man zuerst ermittelt, wie viel Druck die innere Fläche desselben auszuhalten habe, und diesen Druck mit der absoluten Festigkeit des Metalls, aus welchem der Cylinder besteht, vergleicht. Nehmen wir an, der Cylinder sei 6 Zoll hoch, so wird, da auf jeden Zoll der Höhe bei dem vorigen Beispiel der Druck eben so groß ist, wie auf 4 Quadratzoll des Kolbens, der ganze Cylinder einen Druck aushalten müssen, welcher mit dem auf 4 mal 6 oder 24 Quadratzoll übereinstimmt; der Kolben von 4 Zoll Durchmesser enthält aber in runder Zahl 12½ Quadratzoll Fläche, und da er nach obiger Berechnung mit 330600 Pfd. gedrückt wird, so kommen auf jeden Quadratzoll 330600 getheilt durch 12½ oder 26448 Pfd., mithin auf die 24 Quadratzoll des Cylinders 26448 mal 24 oder 624752 Pfd. Druck. Nimmt man nun an, daß bei dem zum Cylinder verwendeten Metall eine Stange von einem Quadratzoll Bruchfläche, ohne sich im Geringsten zu dehnen, 23000 Pfd. recht gut trägt, so wird es hinreichend sein, wenn der Flächeninhalt der Durchschnittsflächen von der Metallstärke des Cylinders 624752 getheilt durch 23000 oder 27,5 Quadratzoll enthält. Die Dicke wird demnach 27,5 getheilt durch 6 oder 4,6 Zoll, und dies die Hälfte genommen, weil der Widerstand auf beiden Seiten vertheilt werden muß, 2,3 Zoll betragen müssen, um unter den angenommenen Verhältnissen den Druck auszuhalten. — Es versteht sich von selbst, daß die Metallstärke der Pumpenröhre A viel geringer sein kann, da hier der Druck unverhältnißmäßig kleiner ist.

Die Wasserpresse ist in der Militair-Technik bisher noch wenig benutzt, könnte es aber gewiß mehr werden. In England war eine ihrer ersten Anwendungen die, daß man Heu, welches zu Schiffe in dem Feldzuge 1809 rc. nach Spanien gebracht werden sollte, damit zusammenpreßte, um das Volumen desselben möglichst klein zu erhalten. Man hat sie ferner benutzt, die absolute Festigkeit der Metalle damit zu erforschen. In einigen europäischen Artillerien ist sie angewendet worden, um Feuerwerkssätzen die möglichst größte Verdichtung zu geben. Es frägt sich, ob sie nicht auch zum Verdichten der zähern Metalle, wie z. B. des Kupfers zu den Zündlochstollen, mit Vortheil zu verwenden wäre? — Immer verdient diese Maschine wegen ihrer gewaltigen Kraftäußerung bei einer sehr geringen Consumtion von Mitteln alle Aufmerksamkeit.

Der mächtige Druck, welchen eine Wassersäule selbst da, wo sie nur seitwärts einen Zugang findet, ausübt, muß bei allen Wasserbauten, z. B. den Schleusen, den Dämmen, bei künstlichen Ueberschwemmungen, um ein Terrain unzugänglich zu machen rc., sehr berücksichtigt werden, und selbst der Druck der Erde gegen die Bekleidung bei Batterien und gegen die Futtermauern der Festungswerke unterliegt einem ganz ähnlichen Gesetz. Wie man Berechnungen der Art führt, wird aus nachstehenden Betrachtungen einleuchten. Wenn in Fig. LXIV. DE die Schützenthür einer Schleuse vorstellt und das Wasser auf der Seite A um 10 Fuß höher steht, als auf der Seite B, so wird, wenn unter E weg, Wasser unter den Boden der Schleuse nach F gekommen und der Boden aus 20 Fuß langen Balken CD besteht, das Wasser auf jeden dieser Balken mit dem Gewicht von 10 mal 20 oder 200 Kubikfuß Wasser drücken. Rechnet man das Gewicht eines Kubikfußes Wasser in runder Zahl zu 70 Pfd., so beträgt der Druck auf einen Balken 200 mal 70 oder 14000 Pfd., und wäre das Bette der Schleuse 20 Fuß breit, so ist der Druck auf dasselbe 14000 mal 20 oder 280000 Pfd., eine Gewalt, welcher der Boden kaum zu widerstehen vermag, weshalb es so wichtig ist, den Raum unter dem Boden, oder CE durchaus sehr dicht zu machen, damit kein Wasser durchdringen kann. Man hat diesen gewaltigen Druck bei der sogenannten Wassersäulen-Maschine nützlich angewendet, um Pumpen in tiefen Schachten in Bewegung zu setzen, welche beim Minenbau, wenn sich unterirdisches Wasser zeigt, sobald man oberhalb der Erde einen Zufluß von Wasser erhalten kann, vortheilhaft zu brauchen wäre.

Werden zwei oder mehrere Flüssigkeiten, die sich nicht chemisch vereinen, z. B. Quecksilber, Wasser, Oel ꝛc. in ein Gefäß zusammengebracht, so legen sie sich nach ihrem specifischen Gewicht über einander, und die Oberflächen, welche sie von einander sondern, sind im Zustande der Ruhe alle vollkommen wagerecht.

Wenn man in eine gekrümmte Röhre ABC, Fig. LXV, zwei Flüssigkeiten von verschiedener specifischer Schwere, z. B. Wasser und Quecksilber, bringt, so werden ihre beiden Oberflächen bei G und F zwar auch horizontale Flächen bilden, aber die leichtere Flüssigkeit wird weit höher stehen, als die schwerere, denn zieht man da, wo die beiden Flüssigkeiten sich verbinden, die wagerechte Linie DE, so muß der Druck in derselben bei D und E gleich sein; dies kann aber nur statt finden, wenn die Höhe der darüberstehenden Säulen beider Flüssigkeiten DG und EF sich verhalten wie umgekehrt ihre specifischen Gewichte, weshalb also die Höhe der specifisch schweren Flüssigkeit geringer sein muß, als die der specifisch leichtern.

Von dem Verhalten tropfbarer und fester Körper im Gleichgewicht gegen einander.

Wenn man in eine Flüssigkeit einen Körper A, Fig. LXVI., eintaucht, so wird er grade die Stelle eines gleichen Volumens der Flüssigkeit einnehmen. Denken wir uns nun vorher zwei Säulen BAC und DEC der Flüssigkeit, die einander das Gleichgewicht halten, so wird jetzt, nachdem der Körper A ein mit ihm gleiches Volumen dieser Flüssigkeit verdrängt hat, das Gleichgewicht gestört sein. Hätte aber der feste Körper A mit der ihm an Volumen gleichen Masse Flüssigkeit, die er verdrängt, ganz gleiches Gewicht, so würde das Gleichgewicht nicht gestört werden. Wenn aber das Gewicht von A größer, als das einer ihm an Volumen gleichen Wassermasse, so können wir es uns als aus zwei Theilen zusammengesetzt denken, nämlich einen Theil, welcher dem Gewichte der vertriebenen Flüssigkeit gleich ist, und einen andern Theil, der den Ueberschuß bildet. Der erste Theil wird zum Gleichgewicht der beiden Flüssigkeitssäulen BAC und DEC verwandt und verschwindet also, weil ihnen in der gegenüberstehenden Säule ein gleiches Gewicht E der Flüssigkeit entgegentritt; wäre nun der Körper A mit einem Waagebalken in Verbindung gesetzt, so würde er nur mit dem Ueberschuß auf die Waage wirken können. Wie z. B. das Gewicht des Körpers 4 Pfd., das Gewicht eines gleichen Volumens Wassers aber 3 Pfd., so drückt der Körper nur mit einer Kraft von 4 weniger 3 oder mit 1 Pfd. auf den Waagebalken. Diesen Druck kann man das relative Gewicht des Körpers nennen, und es ist aus obigen Betrachtungen mit Leichtigkeit folgendes Grundgesetz zu entwickeln:

Jeder in eine Flüssigkeit eingetauchte Körper verliert an seinem Gewicht so viel, als die Flüssigkeit wiegt, deren Raum er einnimmt.

Ist der Körper eben so schwer, als ein gleiches Volumen der Flüssigkeit, in welche er getaucht wird, so ist sein relatives Gewicht Null; er muß in diesem Falle in der Flüssigkeit an jedem Punkt, wo man ihn hinbringt, stehen bleiben. Ist der Körper schwerer, als ein gleiches Volumen Flüssigkeit, so muß er in der Flüssigkeit fallen, und zwar nur mit der Kraft seines relativen Gewichtes, und er wird endlich den Boden erreichen. Der Umstand, daß nur das relative Gewicht des Körpers im Wasser auf ihn wirkt und ihn zum Sinken bringt, erklärt die Erscheinung, daß schwere Körper unter Wasser sich viel leichter bewegen lassen, als in freier Luft, so daß man z. B. ein schweres Geschützrohr, was im Wasser liegt, so bald es nur etwas gehoben, mit sehr geringer Kraft unter dem Wasser fortziehen kann. Es würde dieser Umstand zum Transport sehr schwerer

Lasten zu Wasser leicht zu benutzen sein, wenn man dergleichen Lasten zwischen zwei Fahrzeugen, unter dem Wasser hängend, fortbewegte. Ist der eingetauchte Körper leichter, als ein gleiches Volumen Flüssigkeit, so drückt er mit seinem ganzen relativen Gewicht aufwärts, und er steigt bis zur Oberfläche, und weiter über die Oberfläche weg, bis nur so viel Flüssigkeit von ihm verdrängt ist, als seine g a n z e S c h w e r e beträgt, d. h. so lange, bis sein relatives Gewicht Null geworden. Man sagt von einem solchen Körper, der sich auf der Oberfläche der Flüssigkeit erhält, er s c h w i m m t. Taucht man den schwimmenden Körper mit Gewalt in die Flüssigkeit unter, so wird er immer wieder in die Höhe getrieben.

Die Erfahrung lehrt, daß ein Körper nicht in jeder Lage schwimmen kann, wenn er gleich so tief ins Wasser eingetaucht ist, als zum Schwimmen erfordert wird. Es kommt hierbei vorzüglich auf die gegenseitige Lage der Schwerpunkte des Körpers und des von dem verdrängten Wassers an; ersterer ist bei ein und demselben Körper unveränderlich, d. h. er bleibt immer an ein und derselben Stelle, und in ihm kann man sich die ganze Schwere des Körpers vereint denken; letzterer ändert seine Lage nach den Veränderungen, welche mit der Gestalt und Lage des eingetauchten Körpers vorgehen, und in ihm kann man sich die ganze Kraft vereint denken, welche den Körper hebt. Für das ruhige Schwimmen der Körper ist es nun Bedingung, daß beide Schwerpunkte in einer lothrechten Ebene liegen, und zwar schwimmen die Körper am sichersten, wenn der Schwerpunkt des schwimmenden Körpers lothrecht u n t e r dem Schwerpunkt des verdrängten Wassers liegt, wie dies bei beladenen Schiffen der Fall ist. Findet das Umgekehrte statt, daß nämlich der Schwerpunkt des schwimmenden Körpers lothrecht über dem Schwerpunkt des verdrängten Wassers liegt, so schwimmt der Körper nur dann, wenn er bei jeder Veränderung seiner Lage genöthigt ist, in die ursprüngliche wieder zurückzukehren.

Wenn in Fig. LXVII. A einen senkrecht prismatischen Körper vorstellt, welcher von gleicher Dichtigkeit ist, also seinen Schwerpunkt in der Mitte bei a hat, und er steht senkrecht im Wasser, während der Schwerpunkt der verdrängten Wassermasse in b liegt, so wird er allerdings in der bezeichneten Stellung schwimmen können; die geringste Seitenkraft aber wird ihn aus seiner Lage bringen, und wenn er dann die Stellung B erhält, so wird sein Schwerpunkt a in der Richtung ac wirken, der Schwerpunkt des verdrängten Wassers ist aber jetzt verrückt, z. B. nach b, und da wir hier die Kraft, welche den Körper aufwärts drängt, uns vereint denken, so wird diese in der Richtung bd wirken, und es ist leicht ersichtlich, wie der Körper durch die Wirkung dieser beiden Kräfte nie wieder in die Lage von A gebracht werden kann, weshalb ein ruhiges Schwimmen in der Stellung A zwar denkbar, in der Wirklichkeit aber bei Körpern von gleicher Dichtigkeit nie vorkommt, weil die geringste Bewegung den Körper aus seiner Lage bringt, in welche er dann nicht wieder zurückkehren kann. Denken wir uns dagegen denselben Körper in der Lage C, so daß seine Axe horizontal liegt, so werden beide Schwerpunkte a und b lothrecht über einander liegen, und er wird ebenfalls schwimmen; würde er durch irgend eine Kraft aus dieser Lage gebracht, und erhielt z. B. die Stellung D, so wird seine Schwere in der Richtung ac, die Kraft, welche ihn aufwärts treibt, in der Richtung bd wirken, und es ist begreiflich, wie diese beiden Kräfte durch ihre Richtung dahin streben, den Körper in die ursprüngliche Lage von C wieder zurückzubringen, was auch nach kurzem Schwanken geschieht, und es ist diese Lage in der That auch die geeigneste für das Schwimmen der Körper. Aus vorstehenden Betrachtungen geht hervor, daß bei Körpern von gleichförmiger Dichtigkeit, welche specifisch leichter, als Wasser sind, beim Schwimmen der Schwerpunkt des Körpers immer über den Schwerpunkt der verdrängten Wassermasse fallen wird. Das Schwimmen ist aber weit sicherer, wenn der Schwerpunkt des Körpers unter den Schwerpunkt der verdrängten Wassermasse zu liegen kommt, weil dann der Fall eintritt, welchen wir, Seite 71, bei der Waage betrachteten, wo der Unterstützungspunkt über den Schwerpunkt fällt und dadurch ein zu großes Schwanken vermieden wird; dies kann aber nur bei Körpern erreicht werden, welche aus Theilen zusammengesetzt sind, die verschiedenes specifisches Gewicht haben, wobei die specifisch schweren Theile nach unten kommen müssen. In solchen Fällen schwimmen selbst Körper in lothrechter Stellung, wie in A, sehr gut, so daß man z. B. lange Stangen, die unten mit einem Gewicht versehen sind, in lothrechter Stellung schwimmend erhalten kann. Der Ballast der Schiffe hat keinen andern Zweck, als diese Lage des Schwerpunktes hervorzubringen, und das Schwimmen wird dadurch so sicher, daß Schiffe, durch große Stürme ganz auf die Seite geworfen, nach einigem Schwanken immer von selbst wieder in ihre ursprüngliche Lage zurückkehren.

Es ist nicht unbedingt nöthig, daß der schwimmende Körper aus einer Materie bestehe, welche specifisch leichter, als Wasser ist, vielmehr kann man Stoffe zum Schwimmen bringen, die bedeutend mehr specifisch Gewicht haben, als das Wasser, wie z. B. selbst Metalle; es kommt hierbei nur darauf an, daß das Gesammtgewicht des Körpers kleiner ist, als das Gewicht des Wassers, welches er verdrängt, wenn man ihn untertaucht. Man macht zu diesem Behufe die Körper hohl, wie z. B. die kupfernen Pontons, welche nicht allein schwimmen, sondern noch bedeutende Lasten tragen.

Von der hydrostatischen Waage und den Aräometern.

Wenn man eine gewöhnliche genau gearbeitete Waage an der einen Schale mit einem Häkchen versieht, um vermittelst eines feinen Fadens einen Körper daran zu hängen um ihn so unter Wasser zu versenken und wägen zu können, so hat man eine sogenannte hydrostatische Waage; jedoch pflegt man auch die bald zu beschreibenden Aräometer zuweilen hydrostatische Waagen zu nennen. Zum Aufhängen des Körpers an die Waage wählt man immer einen Faden von solcher Leichtigkeit, daß sein Gewicht gegen das Gewicht des Körpers verschwindet. Hängt man an diese Waage einen schweren Körper und bringt ihn durch Gewichte auf der andern Waagschale in der Luft im Gleichgewicht, versenkt ihn aber nun in Wasser, so wird er bedeutend leichter erscheinen, weil, wie wir bereits wissen, jetzt nur sein relatives Gewicht auf die Waage wirkt. Legt man nun auf die Schale, an welcher er hängt, so lange Gewichte, bis das Gleichgewicht hergestellt wird, so zeigen diese zuletzt aufgelegten Gewichte an, wie schwer ein mit dem Körper gleiches Volumen Wasser ist. Multiplicirt man dies Gewicht mit $1\frac{3}{8}$ (dem Gewicht eines Kubikzolles Wasser), so erhält man das Volumen des Körpers in Kubikzollen; ist das Volumen des versenkten Körpers bekannt, hat er z. B. eine genau regelmäßig bearbeitete Figur, so kann man auf diese Art das specifische Gewicht des Wassers bestimmen, indem man mit dem Volumen des Körpers in die zuletzt aufgelegten Gewichte dividirt; und in der That ist dies auch die Methode, die Eigenschwere des Wassers, oder einer andern Flüssigkeit zu erforschen. Will man das specifische Gewicht eines festen Körpers durch die hydrostatische Waage ermitteln, so wägt man ihn erst in der Luft und dann unter Wasser. Das zuerst gefundene Gewicht durch das, was er im Wasser verliert getheilt, giebt sein specifisches Gewicht, hierbei muß aber der Körper schwerer, als Wasser sein, und sich nicht im Wasser auflösen. Diese Methode, das specifische Gewicht fester Körper zu finden, ist besonders dann anwendbar, wenn die Körper zu groß sind, um in ein Stöpselglas gebracht zu werden und die Seite 20 ꝛc. beschriebene Bestimmungsart anzuwenden. Archimedes, den man als den Erfinder der Hydrostatik ansehen kann, fand, daß 18 Pfd. Gold unter Wasser 1 Pfd., 18 Pfd. Silber $1\frac{1}{2}$ Pfd., und eine 18 Pfd. schwere Krone, die aus Silber mit einem starken Ueberzug von Gold gefertigt war, $1\frac{1}{3}$ Pfd. an Gewicht verlor. Er schloß daraus nach den Regeln der Gesellschaftsrechnung, daß sich die Menge des Goldes zur Menge des Silbers in der Krone, umgekehrt wie die drei Zahlen 1, $1\frac{1}{3}$, $1\frac{1}{2}$ oder wie $\frac{1}{6}$ zu $\frac{1}{3}$, d. h. wie 1 zu 2 verhalten und daß deshalb in der Krone $\frac{1}{3}$ Gold, $\frac{2}{3}$ Silber wären. Man nennt diesen Versuch die Archimedische Wasserprobe, wobei jedoch zu bemerken ist, daß diese Ermittelung nur dann richtige Resultate geben kann, wenn die beiden Stoffe, aus denen der Körper besteht, nur mechanisch mit einander verbunden sind; bei chemischer Vereinigung, z. B. bei Metallegirungen, ist der Versuch nicht anwendbar, weil der neu entstandene Körper in den meisten Fällen ein specifisches Gewicht erhält, was außer allem Verhältniß mit der Eigenschwere der Stoffe steht, aus denen er sich gebildet. Bei solchen Untersuchungen ist noch zu bemerken, daß man sich sehr davor hüten muß, daß der Körper, welcher unter Wasser gewogen werden soll, nicht Luftblasen ansetzt, wodurch man zu unrichtigen Resultaten gelangen würde, und es ist gut, ihn vorher, ehe er ins Wasser gebracht wird, mit einem nassen Pinsel an allen Stellen seiner Oberfläche feucht zu machen.

Eine hohle gläserne Glasröhre von der Figur AB, Fig. LXVIII., kann so leicht gemacht werden, daß sie nicht nur im Wasser schwimmt, sondern daß man noch in die Kugel bei B Quecksilber, oder Bleischroot legen kann, welchen sie schwimmend trägt; bringt man in B Quecksilber 2c. an, so ist es leicht, den Schwerpunkt der ganzen Röhre so zu versenken, daß die Röhre senkrecht im Wasser schwimmt; da nun jeder schwimmende Körper so viel Flüssigkeit verdrängt, als sein eigenes Gewicht beträgt, so ist deutlich, daß die Röhre in einer specifisch schwerern Flüssigkeit nicht so tief versinken wird, als in einer specifisch leichtern, und es wird daraus ersichtlich, wie man die Röhre wohl so einrichten könnte, daß man aus ihrem mehr oder weniger tiefern Einsinken in eine Flüssigkeit, Schlüsse auf das specifische Gewicht der Flüssigkeit machen kann. Zu dem Ende wird die Röhre AC mit einer Scala versehen, welche unmittelbar das specifische Gewicht der Flüssigkeiten angiebt, und ein solches Instrument ist nun ein Aräometer — Lockerheitsmesser. —

Nach dem, was wir bereits früher über die Art, das specifische Gewicht von Flüssigkeiten und festen Körpern zu bestimmen, gesagt haben, scheint in der That das Aräometer für diesen Zweck entbehrlich; aber man braucht es auch in der Regel zu einem andern Zweck, wo allerdings keine andere Methode auf einfachere Weise ausreichen wird. Bei zusammengesetzten Flüssigkeiten, als Bier, Wein, Brantwein, Säuren, Salzauflösungen 2c., ändert sich das specifische Gewicht nach den Verhältnissen der Bestandtheile, aus denen die Zusammensetzung besteht, und es ist von Nutzen, sowohl für die Wissenschaft, als fürs praktische Leben, den Gehalt einer solchen Flüssigkeit in Bezug auf eines ihrer Bestandtheile zu kennen. Zu solchen Bestimmungen wird das Aräometer benutzt, wobei es, wie leicht einzusehen, für jeden besondern Zweck auch eine besondere Einrichtung, namentlich in Bezug auf die Scala, haben muß. Es erhält dies Instrument dann auch nach seinem Zweck verschiedene Namen, als: Bierprobe, Weinprobe, Brantweinprobe, Alcoholometer, Salzspindel oder Salzwaage u. s. w.

Um einen deutlichen Begriff von einem solchen Instrument zu geben, wollen wir die Anfertigung der Scala eines Alcoholometers hier allgemein beschreiben, und man wird daraus sich leicht die Einrichtung aller andern erklären können. — Man tauche das Instrument zuerst in destillirtes Wasser und bemerke den Punkt, bis zu welchem es eingesunken; diesen Punkt bezeichne man mit o; hierauf wird es in reinen (absoluten) Alcohol eingesenkt, wo es natürlich — wegen der Leichtigkeit der Flüssigkeit — tiefer einsinken wird; der Punkt, bis zu welchem es eintaucht, wird mit 100 bezeichnet. — Nun mache man Mischungen von 10 Theilen Alcohol und 90 Theilen Wasser; von 20 Theilen Alcohol und 80 Theilen Wasser; von 30 Theilen Alcohol und 70 Theilen Wasser u. s. f. bis zu 90 Theilen Alcohol und 10 Theilen Wasser; in jede dieser Flüssigkeit senke man das Instrument und bemerke die Einsenkungspunkte, die man nach dem Alcoholgehalt der Flüssigkeit von 0 nach 100 zu mit den Zahlen 10, 20, 30 ꝛc. bezeichnet. Die Theile sind ungleich, da aber ihr Wachsen langsam ist, so kann man jede Abtheilung für sich noch in 10 gleiche Theile theilen, und man erhält nun ein Instrument mit 100 theiliger Scala, welches beim Einsenken in eine Mischung von Alcohol und Wasser — z. B. in Brantwein — sogleich den Gehalt an Alcohol in Procenten angiebt. Um größere Grade und dadurch ein bequemeres Ablesen zu erhalten, pflegt man in der Regel 2 Alcoholometer anzuwenden, wovon das erste eine Scala von 0 bis 50° oder Procent enthält, das andere aber von 50 bis 100 Procent den Alcoholgehalt angiebt.

Auf ähnliche Art sind nun alle verschiedenen Proben eingerichtet; sie zeigen sämmtlich die Procente irgend eines Bestandtheils einer Flüssigkeit an, wie z. B. von Weingeist, von Salz, von einer Säure ꝛc. Zuweilen, wie bei den Bier- und Weinproben, ist die Scala willkührlich in gleich große Grade eingetheilt, und man beurtheilt die Güte der Flüssigkeit nach der Zahl der Grade, welche das Instrument angiebt. Allgemein ist zu bemerken, daß für Flüssigkeiten, welche leichter, als Wasser sind, der 0 Punkt (für das Wasser) unten liegt und die Grade aufwärts steigen, weil in jeder andern Flüssigkeit, als Wasser, das Instrument tiefer einsinken wird; dahin gehören

z. B. alle geistige Flüssigkeiten. Für solche Flüssigkeiten, die schwerer, als Wasser, sind, wie z. B. Salzauflösungen, Säuren rc., liegt der 0 Punkt oben, und die Scala steigt nach unten zu, weil das Instrument in jeder andern Flüssigkeit, als Wasser, weniger tief einsinken wird. Man hat auch Instrumente, durch welche leichtere und schwerere Flüssigkeiten zugleich bestimmt werden können; bei ihnen liegt der 0 Punkt für destillirtes Wasser ziemlich in der Mitte, und die Scala steigt nun von 0 aus nach oben und unten, und zwar in ersterer Richtung für die Flüssigkeiten, welche leichter, in letzterer Richtung für die, welche schwerer, als destillirtes Wasser, sind.

Eine andere Art von Aräometer sind die mit Gewichten auch nach ihrem Erfinder Farenheit'sche Aräometer genannt. Sie unterscheiden sich von den vorigen hauptsächlich dadurch, daß das Einsinken derselben in Flüssigkeiten durch oben aufgelegte Gewichte bewirkt wird, nach deren Menge man dann das specifische Gewicht der Flüssigkeiten bestimmt. Ihre Einrichtung mit den neuern Verbesserungen ist im Wesentlichen folgende: Fig. LXIX. ist C ein hohler Körper von lakirtem Blech gefertigt, der oben eine auf den Stiel B sitzende Schaale A hat, in welche die Gewichte gelegt werden können; am Stiel B ist eine Marke a angebracht, bis zu welcher das Instrument immer eingesenkt werden muß. Am untern Ende von C ist ein Gefäß D mit den Armen E und F befestigt, welches aus zwei Schalen G und H besteht, die einen gemeinsamen Boden in der Mitte besitzen und von denen die eine G mit der Oeffnung nach oben, die andere H mit der Oeffnung nach unten steht. Der Theil C ist luftdicht gearbeitet; der Boden zwischen den Schalen G und H hat mehrere Löcher, oder besteht auch ganz aus einem feinen Drahtnetz, damit beim Einsenken des Instruments keine Luft sich in der Schale H verhält; zum Gebrauch gehört noch ein Cylinderglas, von der Größe, daß man das Instrument bequem in dasselbe senken kann, und sehr genaue Gewichte mit einer Eintheilung bis zu zehntausend Theilen eines Lothes. Das ganze Instrument muß übrigens so leicht sein, daß es im destillirten Wasser nicht ganz bis zu der Marke a einsinkt, sondern daß man erst noch Gewichte auflegen muß, um es so weit zu versenken. Beim Gebrauch ist es nöthig, jedesmal vorher zu untersuchen, wie viel Gewicht erforderlich ist, um in destillirtem Wasser das Instrument bis zu der Marke a zu versenken, weil eine geringe Temperaturveränderung einen Unterschied machen kann.

Wollte man nun mit diesem Instrument das specifische Gewicht einer Flüssigkeit bestimmen, so sieht man erst, wie viel Gewichte erfordert werden, um das Instrument bis zu a im Wasser zu versenken, gesetzt, es sei 1,128 Loth; nun senkt man es in die zu untersuchende Flüssigkeit und legt die erforderlichen Gewichte auf; sie betragen hier z. B. 1,240 Loth; daraus geht nun hervor, daß von der Flüssigkeit 1,240 Loth eben so viel Raum einnehmen als 1,128 Loth Wasser, und das specifische Gewicht derselben ist nun 1,240 getheilt durch 1,128 oder 1,099 Loth.

Man kann aber mittelst dieses Aräometers auch das specifische Gewicht fester Körper sehr genau auf folgende Weise bestimmen. Nachdem man das Gewicht ermittelt, welches zum Einsenken des Instruments in destillirtes Wasser erforderlich, was hier 2,840 Loth betragen mag, nimmt man alle Gewichte von der Schale A, legt den zu untersuchenden Körper darauf und so viel Gewichte dazu, bis das Instrument bis zur Marke a eingesenkt ist; gesetzt, es wären 0,610 Loth zugelegt worden, so beträgt das Gewicht des Körpers in der Luft 2,840 weniger 0,610 oder 2,230 Loth. Nun nimmt man den Körper von der Schale A, läßt aber die beigelegten Gewichte von 0,610 liegen, bringt ihn, wenn er schwerer als Wasser, in die Schale G, ist er aber leichter, unter die Schale H, und legt so viel Gewichte in der Schale A zu, bis die normalmäßige Versenkung erreicht. Nehmen wir nun an, daß man zu den schon vorhandenen 0,610 Loth noch 0,912 Loth habe zu legen müssen, so ist klar, daß der Körper 0,912 Loth Wasser verdrängt hat, und da man sein specifisches Gewicht findet, wenn man sein Gewicht in der freien Luft durch das Gewicht des verdrängten Wassers dividirt, so beträgt es in dem gewählten Beispiel 2,230 getheilt durch 0,912 oder 2,445.

Es ist leicht ersichtlich, wie das eben beschriebene Aräometer als eine höchst empfindliche Waage für Körper brauchbar ist, die nicht schwerer sind, als das Gewicht, welches man auflegen muß, um das Instrument selbst bis zur Normaltiefe zu versenken, und in der That leistet es in dieser Beziehung auch alles, was man von einer genauen Wägung nur immer verlangen kann.

Von den scheinbaren Unregelmäßigkeiten, welche durch den Einfluß der Cohäsion und Adhäsion in den hydrostatischen Erscheinungen hervorgebracht werden.

Obgleich die bisher vorgetragenen Lehren über das Gleichgewicht der tropfbaren Flüssigkeiten vollkommen wahr und auch durch die Erfahrung in jeder Richtung bestätigt werden, so stößt man doch oft bei Beobachtungen auf Thatsachen, die den allgemeinen Gesetzen zu widersprechen scheinen. Diese scheinbaren Abweichungen sind Wirkungen der Cohäsion und Adhäsion, und wir wollen hier die vorzüglichsten derselben erläutern. Die Wirkung der Adhäsion tropfbarer Flüssigkeit gegen feste Körper läßt sich durch die hydrostatische Waage messen; wenn man nämlich Platten von Glas, Marmor, Metall &c. an dieser Waage horizontal aufhängt, und die Waage ins Gleichgewicht bringt, hierauf diese Platten die Oberfläche einer Flüssigkeit berühren läßt, so findet man, daß sie nur durch ein aufgelegtes, bald größeres, bald kleineres Gewicht von der Flüssigkeit wieder getrennt werden können. Daraus geht also unmittelbar hervor, daß die Flüssigkeit an dem Körper haftet, aber eben so folgt auch aus diesem Versuch, daß die Theile der Flüssigkeit unter sich mit einer gewissen Kraft zusammenhängen; denn wäre dies nicht der Fall, so müßte der feste Körper immer einen Theil der Flüssigkeit mitnehmen, und die Kraft, welche zum Losreißen desselben von der Flüssigkeit nöthig war, dürfte nie größer sein, als das Gewicht der losgerissenen Masse von Flüssigkeit; da hingegen gestaltet sich die Sache beim Versuch ganz anders. Holz, Marmor, Glas &c. werden von Wasser, Weingeist und den meisten Flüssigkeiten naß, aber das Gewicht, welches aufgelegt werden muß, um die Platten loszureißen, ist weit bedeutender, als das Gewicht der anhängenden Flüssigkeit. Vom Quecksilber werden die eben erwähnten Körper gar nicht benetzt, sie nehmen nichts davon mit, und doch gehört ein ziemlich bedeutendes Gewicht dazu, sie aus der Berührung loszureißen. Man hat diese Versuche im luftleeren Raum gemacht und dieselben Resultate erhalten, woraus hervorgeht, daß diese Erscheinungen nicht dem Luftdrucke zuzuschreiben sind; auch die Dicke der Platten hat durchaus keinen Einfluß auf die Erscheinungen, was beweist, daß nur die sich berührenden Theile diese Anziehung hervorbringen.

Wir haben bisher nur allein die Wirkungen der Schwere bei den Flüssigkeiten als thätig angenommen und dabei gesehen, wie der Druck, der durch sie entsteht, nicht gleichförmig durch die ganze Flüssigkeit verbreitet ist, sondern mit der Tiefe unter dem Wasserspiegel zunimmt. Die Wirkung der anziehenden Kräfte, von denen hier die Rede ist, verbreitet sich dagegen ganz gleichförmig im Innern der Flüssigkeit, da sie nur in der Berührung, oder doch in unendlich kleinen Entfernungen der einzelnen Theile wirkt. Vermöge dieser Anziehung wird jeder Punkt im Innern nach allen Seiten gleich stark gezogen und gedrückt, wodurch eben die ganz gleichförmige Wirkung an allen Stellen im Innern der Flüssigkeit hervorgebracht wird. Dies findet im Innern statt. Anders verhält es sich auf der Oberfläche, wo die Flüssigkeit entweder mit gar nichts Körperlichem, oder mit der Luft, oder mit den Wänden des Gefäßes in Berührung ist. Jeder Punkt an der Oberfläche wird nach außen entweder gar nicht gezogen, wenn sich Nichts darüber befindet, oder doch nur mit einer sehr schwachen Kraft, wenn die Flüssigkeit mit Luft in Berührung ist. In beiden Fällen ist also nur ein Zug nach Innen da, der in jeder Richtung, die sich von dem Punkte aus nach dem Innern der Flüssigkeit ziehen läßt, wirksam ist. Setzt man diesen Zug der einzelnen Punkte für die ganze Oberfläche zusammen, so besteht er in einem einzigen Zuge senkrecht von der Oberfläche nach innen, und nur die Undurchdringlichkeit der Theile hindert, daß die Oberfläche dieser Kraft nicht folgt. Man sieht also hieraus, daß die Oberfläche der Flüssigkeit durch eine doppelte Kraft abwärts gezogen wird, nämlich durch die Schwere und durch die eben erläuterte Anziehung, eine Wirkung, die eben nur an der Oberfläche, aber nicht im Innern der Flüssigkeit statt findet. Eine natürliche Folge dieser Wirkungen ist, daß auf der Oberfläche wirklich ein etwas stärkerer Zusammenhang statt findet, als im Innern der Flüssigkeit, oder daß die Oberfläche ein unendlich dünnes Häutchen von stärkerer Cohäsion bildet.

An der Stelle, wo die Flüssigkeit in Berührung mit den Wänden des Gefäßes steht, findet zwar ebenfalls der Zug nach dem Innern der Flüssigkeit statt, zugleich aber werden die einzelnen Punkte auch durch die berührten festen Theile der Wände in allen Richtungen nach außen gezogen; aber es ist der Zug nach Innen und nach Außen selten von gleicher Stärke. In den meisten Fällen ist der Zug nach Außen, in einigen der nach Innen überlegen. Die Wirkungen dieses Zuges nach Außen und Innen sind jedoch nur an der Oberfläche rein vorhanden, da in einiger Entfernung unter derselben der hydrostatische Druck so bedeutend wirkt, daß alle Theile der Flüssigkeit gegen die Wände des Gefäßes getrieben werden, so daß der Druck nach Außen auf alle Fälle überwiegend ist. Nahe an der Oberfläche und an dieser selbst, wo der hydrostatische Druck gering, oder gar nicht vorhanden ist, können jedoch diese einander entgegenstrebenden Anziehungen sichtbare Wirkungen hervorbringen, die in der That auch statt finden.

Nehmen wir an, in Fig. LXX. sei ein Gefäß mit einer Flüssigkeit gefüllt, und stellen wir über den äußersten Punkt A ihrer Oberfläche AB nähere Betrachtungen an, so ergiebt sich, daß dieser Punkt A nach dem Innern der Flüssigkeit in allen Richtungen, die sich in den Winkel BAC denken lassen, gezogen wird, und man kann die Richtung des gesammten Zugs durch die Linie AE, welche den Winkel BAC halbirt, angeben; stellt zugleich AE die Stärke des Zuges vor, so kann man diese in zwei Kräfte AG, welche parallel mit der Wand des Gefäßes, und AF, welche horizontal wirkt, zerlegen. Nun wird aber der Punkt A auch von den Wänden des Gefäßes nach Außen gezogen, und zwar wenn wir CA und BA verlängern, in allen Richtungen, welche in den Winkel HAK angenommen werden können. Es wird deshalb auch hier die Linie AI, welche den Winkel HAK halbirt, die Richtung der gesammten Anziehung nach Außen angeben, und wenn wir AI als die Kraft selbst annehmen, so kann auch diese in die beiden Kräfte AH und AK zerlegt werden. Sind beide Kräfte AI und AE gleich, so ist ihre Wirkung als nicht vorhanden anzunehmen, und die Oberfläche AB wird vollkommen eben und horizontal bleiben; sind aber beide Kräfte ungleich, so muß nach der Richtung der stärkern Kraft eine sichtbare Aeußerung erfolgen, und zwar mit einer Kraft, welche dem Unterschied beider gleich ist. Nehmen wir nun an, daß AI größer, als AE sei, so ist begreiflich, daß auch AH größer, als AF und AK größer, als AG. Weil AH größer, als AF, wird der Punkt A in horizontaler Richtung stärker gegen die Wand des Gefäßes gedrückt, da aber die Wand undurchdringlich, so kann hier keine Bewegung, sondern eben nur ein vermehrter Druck entstehen, und es findet also keine sichtbare Aeußerung in dieser Richtung statt. Da aber auch AK größer, als AG, muß ein Steigen des Theilchens A an der Wand in die Höhe statt finden, und da hier nichts der Aeußerung dieser Wirkung entgegensteht, so wird sie auch sichtbar; weil aber die Flüssigkeit zusammenhängt, so kann das Theilchen A nicht allein steigen, sondern es hebt seine nächste Umgebung mit in die Höhe und Folge davon ist, daß die Oberfläche der Flüssigkeit bei A sich aufwärts krümmen, und zwar weil, was von A gesagt, von allen Theilchen rings um die Wand des Gefäßes gilt, so wird ein allgemeines Aufwärtsbiegen an den Wänden statt finden, was wegen des Zusammenhanges der Flüssigkeit nach der Mitte zu abnimmt, so daß die ganze Oberfläche eine einwärtsgebogene — concave — Gestalt, etwa wie aFb, erhält, wobei die Krümmung aus begreiflichen Gründen nach der Mitte zu um so unmerklicher sein wird, je breiter die Oberfläche.

Nehmen wir hingegen an, daß AE größer als AI, so ist auch AF größer als HA und AG größer als AK. Hier werden beide Kräfte AF in horizontaler und AG in vertikaler Richtung sich sichtbar äußern können, weil durchaus nirgend ein Hinderniß sich ihnen entgegenstellt. Es wird also in diesem Falle der Punkt A, oder der ganze Rand der Oberfläche von der Flüssigkeit, sich von der Wand entfernen und nach Innen zu biegen, d. h. die Oberfläche wird eine aufwärtsgekrümmte — convexe — Gestalt annehmen, wobei die Krümmung in der Mitte bei weiten Gefäßen auch nur unmerklich ist. Wasser, Weingeist, Säure und die meisten andern Flüssigkeiten nehmen in gläsernen und irdenen Gefäßen eine concave, Quecksilber und alle geschmolzenen Metalle in dergleichen Gefäßen eine convexe Oberfläche an. — Am auffallendsten sind diese Erscheinungen, wenn man ganz dünne reine Glasröhrchen — sogenannte Haarröhrchen — senkrecht in eine Flüssigkeit taucht, wo entweder die Oberfläche der Flüssigkeit in den Röhrchen weit höher steigt, als der äußere Stand beträgt, oder weit unter demselben zurückbleibt. Ersteres geschieht bei allen Flüssigkeiten, welche eine concave Oberfläche in Glasgefäßen bilden, letzteres bei solchen, wo die Oberfläche convex ist. Man hat gefunden, daß die Höhen oder Tiefen, bei welchen die Flüssigkeiten in den Haarröhrchen stehen bleiben, sich unter übrigens gleichen Umständen verhalten, wie die Durchmesser der Röhrchen. Daß poröse Körper Wasser und andere Flüssigkeiten einsaugen, beruht allein auf dieser Anziehungskraft. Ein solches Einsaugen findet jedesmal statt, wenn die Materie des Körpers von der Beschaffenheit ist, daß die Flüssigkeit an seiner äußern Fläche in die Höhe steigt; findet das Umgekehrte statt, d. h. vertieft sich die Flüssigkeit da, wo man den Körper eintaucht, so erfolgt auch kein Einsaugen. So wird Quecksilber weder von Holz, noch von porösem Stein eingesaugt.

Auf der gleichmäßigen Anziehung aller Theilchen im Innern einer Flüssigkeit beruht es auch, daß kleinere Theilchen derselben — Tropfen — im Fallen immer die Kugelform annehmen. Aus dem stärkern Zusammenhang der Oberfläche erklärt es sich ferner, daß einzelne Tropfen mancher Flüssigkeit auf einer Fläche nicht zerfließen, sondern in kugelähnlicher Gestalt beharren; daß specifisch schwerere dünne Körper — z. B. von Stahl, Blei, — wenn man sie vorsichtig auf die Oberfläche von Wasser legt, nicht sinken, sondern eine Vertiefung in die Oberfläche drücken und schwimmen; daß man Gläser mit Wasser bis zu einem gewissen Grade überfüllen kann, ohne daß es herabfällt ꝛc. Man kann sogar in engen Glasröhren eine schwerere Flüssigkeit über einer leichtern erhalten, selbst wenn die Röhren senkrecht stehen, was ebenfalls durch das stärkere Haften der dichtern Flüssigkeit an den Wänden der Glasröhre erklärlich ist.

Von den Bewegungen tropfbarer Flüssigkeiten — Grundlehren der Hydraulik. —

Für die Bewegung der Flüssigkeiten, sobald solche auf abgesonderte Massen derselben sich bezieht, gelten ganz dieselben Gesetze, welche bei der Mechanik fester Körper entwickelt worden, weshalb die Bewegung eines fallenden oder geworfenen Wassertropfens völlig wie die Bewegung einer festen Masse unter gleichen Umständen betrachtet werden kann. Diese Gesetze gelten aber eben nur für sehr kleine Flüssigkeitsmassen, bei denen man annehmen kann, daß sich alle Theile mit gleicher Geschwindigkeit und in gleichen Richtungen bewegen. Die eigenthümliche innere Beweglichkeit aller Theilchen einer Flüssigkeit macht es aber fast unmöglich, daß alle Theile derselben sich mit gleicher Geschwindigkeit und in gleichen Richtungen bewegen. Es entstehen vielmehr innere Bewegungen, die sich nur schwer beobachten, noch schwerer berechnen lassen. Dadurch wird die Theorie der Bewegungen von Flüssigkeiten außerordentlich erschwert; aber auch die Versuche haben ihre besonderen Schwierigkeiten, da es bei ihnen noch viel schwerer ist, den Einfluß fremder Kräfte, die nicht zum Gegenstande der Untersuchung gehören, zu ermitteln, als bei festen Körpern. Es ist fast unmöglich, genau zu bestimmen, wie viel von der Wirkung auf Rechnung jeder Kraft zu setzen sei.

Die früher erwähnten anziehenden Kräfte bei Flüssigkeiten haben auch auf die Bewegung derselben Einfluß, und es ist daher wichtig, bei den Untersuchungen über die Bewegung der Flüssigkeiten das, was Wirkung der Schwere ist, getrennt von dem zu betrachten, was jenen anziehenden Kräften zugeschrieben werden muß. Wir wollen zunächst die Wirkungen der Schwere untersuchen. Es ist bereits erörtert, daß jeder Punkt im Innern einer Flüssigkeit einen Druck erleidet, welcher im graden Verhältniß mit der Tiefe zu nimmt. Wenn das Gefäß, in welchem die Flüssigkeit sich befindet, geschlossen ist, so kann keine Bewegung entstehen, sondern nur eine Spannung in der Flüssigkeit und ein Druck gegen die Wände. Denkt man sich aber in einer Seitenwand oder am Boden des Gefäßes eine kleine Oeffnung, so ist klar, daß die Flüssigkeit mit um so größerer Geschwindigkeit ausströmen wird, je tiefer die Oeffnung unter dem Wasserspiegel liegt. Es ist nun die erste Aufgabe der Hydraulik, zu bestimmen, wie groß die Geschwindigkeit des ausströmmenden Wassers sein wird, wenn keine andre Kraft, als der durch die Schwere hervorgebrachte Druck wirksam ist.

In Fig. LXXI. seien A und B ein Paar Gefäße von verschiedener Höhe, welche im Boden die Löcher G und Q von gleicher Größe, in Verhältniß zu der Breite des Gefäßes aber sehr geringen Durchmesser haben. Diese Gefäße wären mit Wasser gefüllt und zugleich die Vorrichtung getroffen, daß durch beständigen Zufluß der durch die Oeffnungen abfließende Theil des Wassers sogleich wieder ersetzt wird, so daß eigentlich ein Fallen des Wassers in den Gefäßen nie statt findet, sondern der Wasserstand immer gleich hoch erhalten wird; dann werden uns die im Eingange dieses Werks entwickelten Gesetze der Bewegung zunächst den Weg zeigen, die Geschwindigkeit, mit welcher die Flüssigkeit ausströmt, zu ermitteln. Da wir voraussetzten, daß die Gefäße immer gefüllt bleiben, so muß auch das Ausströmen des Wassers aus jedem Gefäß mit gleichförmiger Geschwindigkeit geschehen, weshalb sich die in gleicher Zeit ausströmmenden Wassermassen, wie groß, oder klein auch diese Zeit sein mag, wie ihre Geschwindigkeiten verhalten. Wie aus Früherm bekannt, wird aber die Größe jeder Bewegung durch das Produkt aus Masse und Geschwindigkeit ausgedrückt — Seite 14, — und da hier die Massen gleiches Verhältniß mit der Geschwindigkeit haben, so müssen sich die in irgend einer Zeit hervorgebrachten Größen der Bewegung wie die Quadrate der Geschwindigkeiten verhalten, weil es ja hier dasselbe ist, ob wir das Produkt der Massen und Geschwindigkeiten oder blos das Produkt der Geschwindigkeiten mit sich selbst als die Verhältnißzahl der Größe der Bewegung annehmen; denn gesetzt, die Geschwindigkeit des ausströmenden Wassers in A betrage 6, in B aber 3, und die in einer bestimmten Zeit ausströmende Masse bei A, 4, so muß solche bei B, 2 betragen. Nun ist aber klar, daß 6 mal 4 oder 24 zu 3 mal 2 oder 6 dasselbe Verhältniß hat, wie 6 mal 6 oder 36 zu 3 mal 3 oder 9, da in beiden Fällen das kleinere Produkt den vierten Theil des größern ausmacht.

Wir wissen ferner, daß das Verhältniß der Größe der Bewegung mit dem Verhältniß der bewegenden Kräfte einerlei ist, und in dem vorliegenden Fall sind die bewegenden Kräfte nichts anders, als die Gewichte der über den Oeffnungen der Gefäße stehenden Wassersäulen. Diese Säulen haben in beiden Gefäßen gleiche Grundflächen, aber verschiedene Höhen, sie verhalten sich also wie ihre Höhen DC und NM. Daraus folgt nun, daß sich das Quadrat der Geschwindigkeit in G zum Quadrat der Geschwindigkeit in Q verhalten muß wie DC zu NM; oder, wenn man anstatt der Quadrate der Geschwindigkeiten diese selbst nimmt, wie die Quadratwurzeln aus den Höhen, woraus ein erstes Grundgesetz der Hydraulik sich entwickelt, nämlich:

I. Die Geschwindigkeiten beim Ausfluß des Wassers aus engen Oeffnungen verhalten sich wie die Quadratwurzeln aus den Druckhöhen.

Denken wir uns in dem Gefäße A die Oeffnung G verschlossen und durch die mit dem Boden gleichlaufende Linie HI einen unendlich kleinen Theil der über der Oeffnung stehenden Wassersäule GKL abgeschnitten, so enthält dieser das Wasser, welches in dem Angenblick, wo G geöffnet wird, mit einer desto größern Geschwindigkeit ausströmt, je höher die drückende Säule ist. Fiele die kleine Wassermasse bloß durch ihr eignes Gewicht, so wird sich, wenn sie den Weg HG zurückgelegt hat, die Geschwindigkeit nach der Seite 79 u. s. w. für den freien Fall der Körper angegebenen Gesetze sehr leicht bestimmen lassen. In dem vorliegenden Fall aber muß die Geschwindigkeit viel größer sein, da die ganze darüber stehende Wassersäule auf die kleine durch HI abgeschnittene Masse drückt. Es ist klar, daß die Beschleunigung, welche hier statt findet, sich zu der Beschleunigung des freien Falls verhalten muß, wie das Gewicht der ganzen Säule GKL zu dem Gewicht der Säule GHI, und da die Grundflächen derselben gleich sind, wie ihre Höhen GH zu GK, und man wird diese Beschleunigung abermals finden können, wenn diese Höhen bekannt sind.

Durch Versuche läßt sich die Geschwindigkeit des ausfließenden Wassers sehr leicht unmittelbar messen. Wenn man nämlich, Fig. LXXI., in das mit Wasser gefüllte Gefäß C eine Oeffnung a in einer Seitenwand anbringt, so wird der Wasserstrahl in horizontaler Richtung ab ausströmen, vermöge seiner Schwere aber in der Richtung ac gehen und bei c den Boden treffen. Es ist nun klar, daß ae den Weg beträgt, welchen die Schwere allein zurücklegt, ab oder ec aber den Weg, welche durch die dem ausfließenden Wasser ertheilte Geschwindigkeit dem Strahle mitgetheilt wird, und nimmt man nun die Höhe ae zu 15⅝ Fuß an, so ist ec das Maß der Geschwindigkeit in einer Secunde. Man findet diese Geschwindigkeit mit einem geringen Verluste, welcher von dem Widerstand der Luft herrührt, derjenigen Geschwindigkeit gleich, die ein von der Höhe da frei fallender Körper, wenn er in a ankommt, erlangen würde, vorausgesetzt, daß in d die Oberfläche des Wassers ist, und es gestaltet sich durch diesen Versuch das oben angeführte Grundgesetz der Hydraulik nun auf folgende Weise:

II. Die Geschwindigkeit der ausströmenden Wassermasse, wenn keine andre Kraft, als die Schwere, dabei wirksam, ist eben so groß, als die Geschwindigkeit, welche ein fester Körper erlangt, wenn er vom Spiegel der Flüssigkeit bis zur Ausflußöffnung, oder wenn er die Höhe der über der Oeffnung stehenden Wassersäule frei durchfällt.

Veränderungen in der Größe der Ausflußöffnung können in dem entwickelten Gesetze nichts ändern, da mit dieser Vergrößerung auch in ganz gleichem Verhältniß die Größe und das Gewicht der drückenden Wassersäule wächst. Eben so kann das specifische Gewicht der Flüssigkeit nichts ändern, da mit dem größeren Druck, auch die Schwere der zu bewegenden Masse in demselben Verhältniß zunimmt.

Die sogenannte Wasserprobe bei Geschützröhren beruht auf den oben entwickelten Gesetzen. Man wird leicht einsehen, daß sie bedeutend verstärkt werden kann, wenn man auf das Geschützrohr noch einen hohlen Aufsatz von bedeutender Höhe, dessen Durchmesser nur ganz gering sein darf, anbringt, weil, wie schon erläutert worden, der Druck mit der Zunahme der Höhe der Wassersäule wächst. Wo es nöthig wäre, eine sehr gewaltsame Probe anzustellen, könnte man auch eine Vorrichtung, die der Wasserpresse ähnlich, anbringen, und man würde in diesem Falle ganz gewiß nicht allein die feinsten Risse, sondern selbst minder dichte poröse Stellen im Metall entdecken. Ist die Oeffnung in einer aufwärtsgekehrten wagerechten Fläche, wie bei A, Fig. LXXII., so springt das Wasser in die Höhe, und die ursprüngliche Geschwindigkeit jedes einzelnen Theilchens ist ganz den entwickelten Gesetzen gemäß. Selbst wenn das Wasser aus einer engen Röhre ausfließt, die wieder unter Wasser, in welcher Tiefe es auch sei, mündet, ist die Ausströmung in Bezug auf Geschwindigkeit und Masse nach neuern Versuchen ganz dieselbe, wie außerhalb des Wassers.

Die hier entwickelten Gesetze lassen sich durch Versuche, welche aber mit vieler Genauigkeit angestellt werden müssen, praktisch beweisen. Man wählt dazu am liebsten prismatisch gläserne Gefäße, welche an einer Seitenwand eine Scala besitzen, und die im Innern durchgängig ganz gleiche Querdurchschnitte haben.

Außer der Schwere haben aber, wie bereits erwähnt, noch andere Kräfte Einfluß auf die hydraulischen Bewegungen, wodurch zuweilen Abweichungen von den entwickelten Gesetzen erzeugt werden. Wir wollen die vorzüglichste derselben hier betrachten.

1. Jedes ausströmende Wasser muß den Widerstand der Luft überwinden, und dadurch erleidet es eine Verminderung in seiner Geschwindigkeit.
2. Die beim Ausströmen des Wassers im Innern desselben sich erzeugenden Bewegungen, welche schwer zu beobachten, noch schwerer unter ein Gesetz zu bringen sind, erzeugen sehr viele Abweichung in den entwickelten Gesetzen für die Ausströmung. Es ist nicht die lothrecht über der Oeffnung stehende Wassersäule allein, welche bei der Ausströmung sinkt, sondern die ganze Wassermasse senkt sich. Wenn das Gefäß durchgängig von gleicher Weite ist, so findet oben ein ziemlich gleichförmiges Sinken statt, da hingegen tiefer unten die Bewegung weder gleichförmig, noch gradlinigt bleibt, sondern alle Wassertheilchen nach der Oeffnung hindrängen und hier eine Art von Trichter bilden, dessen

Spitze in der Oeffnung liegt. Weil aber das Wasser unten von allen Seiten nach der Oeffnung drängt, und die Bewegungen zum Theil einander entgegengesetzt sind, so muß durch sie ebenfalls eine beträchtiche Verzögerung der Bewegung entstehen. Haben die Gefäße nicht überall gleiche Weite, oder sind es verschiedenartig gekrümmte Röhren, so werden die innern Bewegungen noch mannigfaltiger, mithin auch ihre Einflüsse noch größer. In gläsernen Gefäße lassen sich diese Bewegungen einigermaßen betrachten, wenn man in die Flüssigkeit leichte Körperchen, z. B. gestoßenen Siegellak, oder gepulverten Bernstein rc. streut.

3. Die Form des Strahls einer ausströmenden Flüssigkeit ist von den innern Bewegungen sehr abhängig. Wenn die Ausflußöffnung kreisförmig ist und in einer sehr dünnen Platte sich befindet, so hat der Strahl dicht unter derselben die Gestalt eines abgestutzten Kegels, dessen größere Grundfläche an der Oeffnung liegt, und dessen Seitenflächen etwas gekrümmt sind. Die Abmessungen dieses Kegels bleiben unter den vorausgesetzten Umständen und der Form der Oeffnung sehr beständig. Der kleinste Durchmesser des Strahls, Fig. LXXII., DE beträgt immer 0,8 von dem Durchmesser der Oeffnung, mithin ist die Durchschnittsfläche DE 0,64 oder beinahe $\frac{2}{3}$ der Oeffnung; unterhalb DE breitet sich der Strahl wieder aus. Der Abstand BD des kleinsten Durchmessers von der Oeffnung beträgt nur einen halben Durchmesser der Oeffnung BC. Man nennt diese Erscheinung die Zusammenziehung des Strahls. Zwischen BC und DE nimmt die Geschwindigkeit des ausströmenden Wassers sehr schnell zu; weil durch BC und DE in gleichen Zeiten gleich viel Wasser durchgeht, und die beiden Flächen sich wie 3 zu 2 verhalten, so müssen sich die Geschwindigkeiten umgekehrt verhalten, also wie 2 zu 3. Versuche zeigen, daß die Geschwindigkeit des Wassers in DE derjenigen sehr nahe kommt, die zur Fallhöhe BF gehört, und es scheint DE der Ort zu sein, wo alle Einflüsse der innern Bewegung in der Flüssigkeit aufgehört und nur noch die Wirkungen, welche von der Schwere abhängen, thätig sind.

4. Die Adhäsion der Flüssigkeit gegen die Gefäße und der Theile der Flüssigkeit unter sich selbst hat ebenfalls einen sehr merklichen Einfluß auf die Geschwindigkeit des Ausflusses. Der Wirkung dieser Kraft muß man besonders die Veränderungen zuschreiben, welche durch verschiedene Einrichtung der Ausflußöffnungen in der Geschwindigkeit erzeugt werden. In den meisten Fällen wirkt die Adhäsion vermindernd auf die Geschwindigkeit des Ausflusses, ja bei sehr kleinen Oeffnungen kann alle Bewegung durch sie vernichtet werden. Doch scheint es, als gäbe es Fälle, wo diese Kraft nicht allein keine Verminderung der Geschwindigkeit hervorbringt, sondern diese selbst vermehrt. Die auffallendste Wirkung der Art erhält man, wenn man mit der Ausflußöffnung eine Röhre verbindet, welche konisch sich nach der Form der Zusammenziehung des Strahls verengt und dann wieder allmählig erweitert.

Bei springendem Wasser hat jeder aufsteigende Tropfen eine verzögerte Bewegung, wodurch die Geschwindigkeit in den obern Theilen des Strahls geringer, als in den untern wird; dadurch übt das obere Wasser auf die niedrigern Theilchen im Strahl einen Druck aus, weshalb hier um so mehr Abweichungen von dem entwickelten Gesetze statt finden müssen. In der That kann man den Wasserstrahl auch nie zu der Höhe des Wasserspiegels der Wassersäule, durch deren Druck er erzeugt wird, bringen, und die Erfahrung hat gezeigt, daß unter den günstigsten Umständen nur $\frac{7}{8}$ der Druckhöhe erreicht werden können.

Bei dem Wasserausfluß aus einem Gefäß erleidet das Gefäß selbst einen Druck in entgegengesetzter Richtung, der, wenn das Gefäß beweglich genug ist, dasselbe wirklich in eine entgegengesetzte Bewegung versetzen kann. Diese Erscheinung ist leicht erklärlich, denn denken wir uns das Gefäß gefüllt und ohne Oeffnung, so erleiden alle Wände einen Druck von der Flüssigkeit, der aber keine Bewegung erzeugen kann, weil er immer in entgegengesetzter Richtung aufgehoben wird, wie z. B. in Fig. LXXI. B, wo der Druck auf den Punkt a durch den Druck auf den gegenüberliegenden Punkt b aufgehoben wird, und so in allen andern Punkten. Wird aber das Gefäß bei b geöffnet, so strömt das Wasser hier aus, und der Gegendruck bei b, welcher dem Druck bei a das Gleichgewicht hielt, hört auf. Der Drück bei a kann also frei wirken und, ist das Gefäß beweglich, solches in der Richtung des Druckes bei a in Bewegung setzen. Man hat zur Versinnlichung dieser Erscheinung eine kleine Mühle, welche aus einer um ihre Axe beweglichen Röhre besteht, die unten einen rechtwinklichten Arm mit einer Ausflußöffnung besitzt; füllt man diese Röhre mit Wasser, so setzt es durch sein Ausströmen aus dem untern Arm die kleine Maschine in Bewegung, und diese Bewegung erfolgt selbst im luftleeren Raume, ein Beweis, daß sie blos durch den Druck der Flüssigkeit auf die Wände der Röhre erzeugt wird und nicht durch ein Stützen des ausfließenden Strahls auf die Luft und eine dadurch erzeugte Rückwirkung, wie man wohl früher bei ähnlichen Erscheinungen zuweilen annahm.

Der Rücklauf der Geschütze beim Schießen ist eine ganz ähnliche Erscheinug, weil die aus dem Verbrennen des Pulvers entwickelte gasförmige Kohlensäure rc. bei dem Ausströmen aus der Mündung einen Druck auf den entgegengesetzten Boden des Geschützes ausübt, welcher stark genug ist, das Geschütz zurückzudrängen. Man kann aus der Größe des Rückstoßes die Geschwindigkeit der Kugel berechnen, denn wenn die Kugel z. B. den 200ten Theil vom Gewicht des ganzen Geschützes ausmacht, so muß ihre Geschwindigkeit auch grade 200 mal so groß sein, als die Geschwindigkeit des Geschützes beim Rücklauf.

Von der Bewegung fester Körper in Flüssigkeiten.

Soll sich ein fester Körper in einer Flüssigkeit bewegen, so kann dies nicht anders geschehen, als daß er der Flüssigkeit eine Bewegung mittheilt. Aus der Lehre von der Mittheilung der Bewegung durch den Stoß, Seite 96 rc., ist bekannt, daß jeder Körper, welcher einem andern Bewegung mittheilt, eben so viel an seiner eignen Bewegung verliert. Man sieht in der Hydraulik der leichtern Betrachtung wegen diesen Verlust an Bewegung als eine Kraft an, welche die Flüssigkeit dem bewegten Körper entgegensetzt, und nennt ihn den **Widerstand der Flüssigkeit**. Es ist bisher noch nicht gelungen, die Theorie dieses Widerstandes auf feste mathematische Gesetze zu basiren, und was davon bekannt, sind Erfahrungssätze durch Versuche ermittelt. Die Adhäsion ist auch hier von sehr großem Einfluß, und sie scheint wesentlich der Begründung einer Theorie des Widerstandes der Flüssigkeit entgegenzutreten, weil die Gesetze, nach denen sie unter verschiedenen Umständen wirkt, sich ebenfalls nicht feststellen lassen. Was über den Widerstand der Flüssigkeiten gegen feste Körper und ihren Druck auf solche bekannt, läßt sich allgemein in folgende Punkte bringen:

1. Der Druck eines Stroms auf eine ruhende Fläche ist dem Drucke einer Wassersäule von gleicher Grundfläche und der Geschwindigkeit, mit welcher sie die Fläche trifft, gleich.
2. Wenn eine Fläche in einen Strom sich durch den Druck des letztern bewegt, oder ihm ausweicht, so steht die Wirkung des Drucks vom Strome mit dem Quadrate des Unterschiedes der Geschwindigkeit vom Strom und von der Fläche in gradem Verhältniß.
3. Eine Fläche, welche über den Spiegel des Stroms ragt, erleidet einen größern Widerstand, als solche, welche ganz eingetaucht ist.
4. Jeder Körper mit keilförmiger Vorderfläche bewegt sich leichter im Wasser, als einer von parallelopipedischer Form, und zwar steht der Widerstand ziemlich im umgekehrten Verhältniß mit der Größe des Winkels, welchen die Vorderfläche bildet. Eben so findet eine kleine Verminderung des Widerstandes, obgleich nicht in solchem Verhältniß wie vorher, statt, wenn die Hinterfläche des Körpers keilförmig ist.
5. Jeder fallende Körper in Wasser erleidet durch den Widerstand des Wassers eine Verzögerung in seiner Bewegung, die sehr merklich ist und zuletzt dem Körper so viel an seiner Geschwindigkeit raubt, daß die beschleunigende Kraft seiner Schwere aufhört, und derselbe mit völlig gleichförmiger Bewegung zu Boden sinkt. Dieser Augenblick tritt um so früher ein, je weniger die Schwere des Körpers von der Schwere des Wassers verschieden ist. Ganz eben so verhält es sich mit dem Aufsteigen leichter Körper im Wasser; auch bei ihnen wandelt der Widerstand des Wassers die ursprünglich beschleunigte Bewegung in eine gleichförmige um.

Es lassen sich diese Erscheinungen in etwas hohen gläsernen Gefäßen durch Figuren von einer Schwere, die wenig von der des Wassers abweicht (cartesianische Taucher) sehr leicht dem Auge bemerklich machen.

Beschluß der Lehre von den tropfbar flüssigen Körpern.

Aus allem bisher Gesagten ist ersichtlich, daß die Bewegungslehre der tropfbar flüssigen Körper bei weitem nicht so fest gestellt ist, als die der festen Körper, sicherer ist man in der Lehre vom Gleichgewicht der tropfbar flüssigen Körper. Das Wasser ist ein Stoff, der so vielfach im Leben benutzt wird, und es wäre wohl zu wünschen, daß besonders über die Bewegung fester Körper im Wasser größere Versuche angestellt würden, um die Gesetze dafür festzustellen, was für die Schifffahrt von außerordentlichem Nutzen sein müßte. Die Tragbarkeit von Fahrzeugen, wie Pontons, Schiffen ꝛc. zu berechnen, giebt uns die Hydrostatik Mittel an die Hand. Die Bewegung der Schiffe hat bisher nur durch praktische Messungen, die meist sehr unvollkommen waren, bestimmt werden können. Man hat in neuerer Zeit, um die Geschwindigkeit eines Schiffes zu messen, sehr sinnreich die Aeußerungen der Fliehkraft des Wassers benutzt, indem man eine Röhre, die an beiden Enden offen, durch den Boden des Schiffes ins Wasser gehen ließ. Steht das Schiff still, so hat das Wasser in der Röhre gleich hohen Stand mit dem äußern Wasserspiegel; so wie aber das Schiff in Bewegung gesetzt wird, sinkt vermöge der Fliehkraft das Wasser in der Röhre unter den äußern Wasserspiegel, und zwar um so tiefer, je schneller die Bewegung. Versuche haben ergeben, daß das Wasser der Röhre, wenn die Geschwindigkeit eine Meile in der Stunde beträgt, 1 Zoll tief sinkt und so für jede Meile 1 Zoll mehr; die größte Geschwindigkeit, so man bisher auf diese Art gemessen, betrug 16 Meilen in einer Stunde. Durch den Druck des Wassers ist man im Stande, einen Wasserstrahl zu einer ziemlichen Höhe springen zu lassen, und man hat dies auch benutzt, um die sogenannten Springbrunnen zu erbauen. Es ist bereits erwähnt, daß der Strahl unter den günstigsten Umständen nur $\frac{3}{4}$ der Druckhöhe erreicht, doch kann man eine weit bedeutendere Höhe erreichen, wenn man den Druck der Luft und die Wirkungen ihrer Elasticität dabei anwendet, wovon in folgendem Abschnitt die Rede sein soll. Bei Wasserleitung durch Röhren hat man in neuerer Zeit die Erfahrung gemacht, daß sehr stark und oft gekrümmte Röhren, wenn auch sonst alle hydrostatischen Regeln beobachtet sind, nicht Wasser leiten. Es scheint dies ebenfalls eine Wirkung der Adhäsion zu sein. Man hat in Amerika Versuche in dieser Richtung gemacht, und es gelang nur das Wasser zum Fließen zu bringen, nachdem man längere Zeit durch solche Röhren warmes Wasser durch eine Druckpumpe mit Gewalt getrieben. Eine Hauptanwendung findet das Wasser als bewegende Kraft bei Maschinen aller Art. Zu diesem Behufe werden Räder angewendet, die entweder mit einzelnen fächerartig auf der Peripherie stehenden Platten versehen sind, oder längs der Peripherie Kasten haben, in welche das Wasser fällt. Die erste Art Räder wird angewendet, wenn das Wasser auf den untern Theil der Räder stößt, sie heißen auch unterschlächtige. Die zweite Art benutzt man da, wo das Wasser von oben auf die Räder geleitet wird, und man nennt sie oberschlächtige. — Das Wasser wirkt auf die Räder in zweierlei Richtung, nämlich einmal durch die Masse oder Menge, mit welcher es auf dieselben stößt, das andere mal durch die Fallhöhe, mit welcher es die Räder trifft. Es ist begreiflich, daß beide Richtungen einander gegenseitig ergänzen können. In sehr wasserreichen Strömen braucht man nur wenig Fall, um eine Maschine in Bewegung zu setzen; man macht die Schaufeln des Wasserrades breiter, damit mehr Wasser zu gleicher Zeit das Rad trifft, und die Masse des Wassers wird durch ihr Gewicht den Mangel an Fallhöhe ersetzen. Bei sehr wasserarmen Flüssen namentlich in gebirgigten Gegenden werden oberschlächtige Räder, auf welche das Wasser von einer ziemlichen Höhe hinabfällt, angewendet, und es ersetzt hier die Fallhöhe den Mangel an Masse.

Einen großen Vortheil gewährt das Wasser bei der Bewegung von Maschinen durch seine gleichförmige Wirkung, und man muß zu diesem Behufe dem fließenden Wasser eine solche Bahn anweisen, daß es, trotz dem Anschwellen durch anhaltendes Regenwetter und der Abnahme bei anhaltender Hitze, dennoch immer auf die Räder gleichförmig wirkt. Man erreicht dies, indem man vor den Rädern ein Becken anlegt, in welchem sich das Wasser sammelt, und von diesem aus zwei Kanäle nach der Maschine leitet, einen auf die Räder einen andern neben denselben vorbei; letzterer ist bestimmt, das überflüssige Wasser bei großer Anschwellung abzuleiten. Zur Regulirung läßt sich die Centrifugalkraft auf die Art benutzen, wie es zu Ende des vorigen Abschnittes, Seite 113, bereits beschrieben worden. Ein Uebelstand, welcher bei der Bewegung von Wasserrädern oft hindernd wirkt, besteht darin, daß das Wasser unterhalb des Rades, wenn der Fluß hier zu wenig Gefälle hat, sich zuweilen so hoch ansammelt, daß die Bewegung gestört wird. Für diesen Zweck hat man die Räder so eingerichtet, daß sie in die Höhe gezogen werden können, und solche Räder nennt man Panzerräder.

Man hat versucht, Wasserräder zu erbauen, auf welche das Wasser in schiefer Richtung stößt, und zwar der Art, daß das Rad eine Schraubenlinie von Brettern um eine schräg gestellte Welle bildet, und es hat sich diese Einrichtung besonders bei langsam fließenden, aber tiefen Gewässern vortheilhaft gezeigt. Um einen allgemeinen Anhalt für die Bestimmung der Kraft zu haben, mit welcher das Wasser auf die Schaufeln eines Wasserrades wirkt, so erinnere man sich, daß die Wirkung einer Kraft durch das Produkt aus Geschwindigkeit und Masse ausgedrückt wird, und berücksichtige bei der Bestimmung der Geschwindigkeit des Wassers seine Fallhöhe. Wenn man diese Betrachtungen mit denen, durch welche man überhaupt die zur Bewegung einer Maschine nöthige Kraft bestimmt, verbindet, so wird man einen allgemeinen Anhalt für die Berechnung der Wirkung des Wassers als bewegender Kraft erhalten, obgleich die Resultate der Berechnung selten mit denen der wirklichen Ausübung übereinstimmen, wie aus dem früher Gesagten leicht erklärlich ist. Was die Resultate so äußerst verschieden macht, ist besonders die Adhäsion der Flüssigkeit gegen feste Körper, welche eine Art von Reibung oder Friktion bildet, die, wie schon oft erwähnt, sich fast ganz der Berechnung entzieht.

Um die Geschwindigkeit des fließenden Wassers in Strömen und daraus die in bestimmten Zeiträumen ankommenden Wassermassen zu erforschen, hat man die sogenannten Strommesser benutzt, von denen die brauchbarsten Sorten aus einem Rade mit Schaufeln bestehen, welches bis zu jeder beliebigen Tiefe versenkt werden kann und an einer auf der Oberfläche des Wassers schwimmenden Scheibe die Umdrehungen in einer bestimmten Zeit angiebt. Durch eine Art von Hemmung kann man das Rad jeden Augenblick anhalten und auch beliebig wieder der Bewegung überlassen. Man erhält durch dieses Instrument zugleich Aufschluß über die ungleiche Geschwindigkeit des Wassers in verschiedenen Tiefen, und es ist deshalb ganz geeignet, die sich fortbewegende Wassermasse, mithin auch den Druck derselben auf irgend einen festen Körper mit möglichster Genauigkeit zu ermitteln, weshalb es bei Anlage von Dämmen, Schleusen und überhaupt Wasserbauwerken aller Art sehr großen Nutzen schaffen kann.

III. Abschnitt der quantitativen Physik.

Die Lehre von den luftförmigen, gasförmigen oder elastischflüssigen Körpern.

Bei den luftförmigen Körpern ist die Neigung sich auszudehnen vorherrschend, sie überwiegt die Cohäsions-Kraft, weshalb sie nur durch Druck in einem bestimmten Raum erhalten werden können, und wenn dieser Raum sich nicht ändern soll, muß die Luftart von allen Seiten gesperrt sein. Da die luftförmigen Körper gewissermaßen in einem noch höherem Grade flüssig sind, als die tropfbarflüssigen, und da sie außerdem auch Schwere besitzen, so müssen alle Gesetze der Hydrostatik und Hydraulik hier ihre Anwendung finden, in so fern die höhere Expansivkraft nicht Veränderungen herbeiführt.

Man hielt in früherer Zeit die athmosphärische Luft für die einzige in der Natur vorhandene ausdehnsame Flüssigkeit. Die neueren Entdeckungen in der Chemie haben uns eine große Reihe solcher luftartigen Stoffe kennen gelehrt; weil sie aber alle Schwere und Expansivkraft besitzen, obgleich in verschiedenem Grade, so ist es hinlänglich, die physikalischen Betrachtungen nur an der athmosphärischen Luft anzustellen, weil sich die Anwendung auf die andern Gasarten sehr leicht finden läßt.

Vom Gleichgewicht und der Bewegung der luftförmigen Körper, oder Grundlehren der Aërostatik und Pneumatik.

Um die Schwere der Luft zu messen, hat man schon in früherer Zeit Instrumente erfunden, welche in dieser Beziehung eine außerordentliche Genauigkeit liefern. Das vorzüglichste derselben ist das **Barometer**. Füllt man eine Röhre CE, Fig. LXIII., von Glas, welche 30 Zoll und drüber lang und inwendig wenigstens $\frac{1}{10}$ Zoll weit, am oberen Ende E aber zugeschmolzen ist, ganz mit Quecksilber und setzt sie dann, ohne Quecksilber hinauszulassen, mit dem offnen Ende C in ein Gefäß A, welches ebenfalls mit Quecksilber gefüllt ist, so sinkt das Quecksilber nicht bis B hinab, wie es nach rein hydrostatischem Gesetze geschehen müßte, sondern es bleibt in einer Höhe BD stehen, die nahe an 28 Zoll beträgt. Die Quecksilbersäule BD muß aber durch irgend eine Kraft in dieser Höhe von 28 Zoll erhalten werden, und diese Kraft ist nichts anders, als der Druck der Luft auf die Fläche FG. Dieser Versuch, welcher 1644 zuerst von **Toricelli** in Florenz gemacht wurde, beweist entscheidend, daß die athmosphärische Luft einen Druck ausübt, und giebt zugleich Mittel an die Hand, diesen Druck genau zu messen, weil er ja eben so groß ist, als der Druck der Quecksilbersäule BD, welche er im Gleichgewicht erhält. Wenn Alles mit der gehörigen Genauigkeit gemacht worden, so ist über D in der Röhre ein vollkommen luftleerer Raum, den man das **Toricellische Vacuum** oder **Leere** nennt. Die Vorrichtung selbst heißt die **Toricellische Röhre**, und ist sie mit einer Scala zum Messen der Höhe BD versehen, so nennt man sie ein **Barometer** — Druck oder Gewichtmesser. — Man hat mancherlei Künsteleien erdacht, um das Barometer zu höchst möglich genauen Messungen einzurichten, doch sind die einfachsten Formen, wie Fig. LXXIV., A und B, noch immer die besten. Man pflegt A ein **Phiolenbarometer**, B ein **Heberbarometer** zu nennen. Hauptsache ist, daß der Raum über der Quecksilbersäule durchaus ganz luftleer, daß die Röhre wenigstens **eine** Linie im Durchmesser habe, und daß die Scala genau getheilt ist. Bei der Beobachtung muß man bei der convexen Oberfläche des Quecksilbers immer die Mitte desselben, nie den Rand als Gränze der Quecksilbersäule ansehen.

Bald nach der Erfindung dieses Instruments fand man, daß der Stand des Quecksilbers in dem längern Schenkel, also auch der Druck der Luft veränderlich sei, und daß das Quecksilber innerhalb des Raumes von 2 Zoll falle und steige. Eben so fand es sich bald, daß das Quecksilber sinkt, wenn man auf eine Höhe steigt, und daß dieses Sinken mit der Erhebung zunimmt, so daß es auf den höchsten Bergen in Amerika, die etwa eine Meile hoch sind, bis auf 14 Zoll, also um die Hälfte fällt. In tiefern Gegenden, die wenig über der Meeresfläche erhaben, fällt das Barometer ungefähr bei 78 Fuß Erhebung um eine Linie oder $\frac{1}{12}$ Zoll. Alle diese Beobachtungen setzen es außer Zweifel, daß die Luft eine Schwere hat, und daß diese Schwere mit der Höhe abnimmt. In tiefern Gegenden drückt die Luftsäule mit ihrer ganzen Höhe, in höhern Gegenden wird sie niedriger, und ihr Druck nimmt ab.

Man hat das Barometer zu einem Wetterpropheten erhoben, es ist auch mit dem Nahmen Wetterglas beehrt worden, und man will durch seinen Stand die Witterung vorhersagen. Dies ist jedoch ein sehr mißlicher, obgleich unschuldiger Gebrauch dieses Instrumentes. Wichtiger ist seine Anwendung zum Höhenmessen, die auf der Abnahme des Luftdrucks in höhern Gegenden beruht, und wodurch man bisher noch immer die genauesten Resultate erhielt.

Wenn man ein Barometer statt des Quecksilbers mit Wasser füllen wollte, so würde man, da das Quecksilber in runder Zahl 14 mal schwerer, als Wasser ist, 28.14 oder 392″ oder 32⅔ Fuß zur Höhe einer Wassersäule erhalten, welche von dem Druck der Luft getragen wird. Es müßte also ein solches Instrument einige 30 Fuß lang sein. Obgleich Wasser nie zu einem Barometer benutzt werden wird, so ist es doch wichtig zu wissen, wie hoch eine Wassersäule ist, welcher von dem athmosphärischen Druck das Gleichgewicht gehalten wird, weil man dadurch ermittelt hat, bis zu welcher Höhe, wenn nicht ein künstlicher Druck mitwirkt, Wasser gehoben werden kann, und es liegt darin der Grund für eine Erscheinung, welche schon seit längerer Zeit durch die Erfahrung bekannt ist, daß man die Saugröhren aller Arten von Pumpen nicht über 30 Fuß lang machen darf.

Wie Eingangs dieses Abschnittes dargethan, hat die Luft oder überhaupt jede elastische Flüssigkeit die beide Eigenschaften der Flüssigkeit und Schwere mit den tropfbaren Flüssigkeiten gemein. Aus diesem Grunde müssen auch alle Gesetze der Hydrostatik in der Aërostatik — der Lehre von dem Gleichgewicht elastischer Flüssigkeiten — gültig sein. Dahin gehört nun zunächst das Gesetz: daß in einer ruhenden Luftmasse in jeder wagerechten Ebene überall gleicher Druck herrsche. — Seite 120. — In der lothrechten Richtung muß auch bei der Luft der Druck mit der Höhe der drückenden Säule wachsen, und zwar hier wegen der Elasticität derselben nach einem andern Gesetz, als bei den tropfbarflüssigen Körpern. Diese Sätze können auch auf die freie athmosphärische Luft angewendet werden, doch nicht ganz unbedingt wegen der beständigen Bewegung im Luftkreise. An zwei Oertern, die nicht zu weit — höchstens ein Paar Meilen — von einander entfernt sind, ist der Barometerstand, also der Luftdruck, wenn sie in derselben horizontalen Ebene liegen, als gleich anzunehmen. Bei größern Entfernungen kann durch die Bewegungen in der Luft eine bedeutende Abweichung herbeigeführt werden.

Obgleich der Druck der Luft mit der Höhe abnimmt, so geschieht dies wegen der specifischen Leichtigkeit derselben doch sehr langsam, und aus diesem Grunde kann man, wenn man den Druck derselben schätzen will, annehmen, daß die Lage der Fläche, ob solche horizontal, schräg oder lothrecht ist, keinen Einfluß auf den Druck ausübt, d. h. wenn in Fig. LXXV. die beiden Flächen A und B eine verschiedene Lage haben, so nimmt man doch den Luftdruck auf dieselben gleich an, wenn auch bei B die Lage der Art ist, daß das eine Ende c um die Entfernung bc höher liegt, als a; versteht sich aber, daß der senkrechte Druck auf B immer auf den Druck reducirt wird, welchen ab oder die horizontal Projection der Fläche B erleidet.

Die Schwere der Luft in niedriger Gegend läßt sich durch Hülfe des Barometers auf folgende Art schätzen: Es ist oben angeführt worden, daß 1 Linie Barometerhöhe in runder Zahl mit 78 Fuß oder 11232 Linien übereinstimmt, oder daß eine

Luftsäule von 11232 Linien Höhe einer Quecksilbersäule von 1 Linie Höhe das Gleichgewicht hält. Da nun Quecksilber etwa 14 mal schwerer, als Wasser, so giebt 11232 dividirt durch 14 oder 802 an, um wie vielmal die Luft leichter, als Wasser ist.

Auch der Druck, welchen die Luft auf eine Fläche ausübt, läßt sich mittelst des Barometers schätzen. Nehmen wir an, daß der Barometerstand genau 28 Zoll sei, so ist also der Luftdruck dem Druck einer Quecksilbersäule von dieser Höhe gleich. Es wird also eine Fläche von einem Quadratzoll einen Druck erleiden, welcher der Schwere von 28 Kubikzoll Quecksilber gleich ist. Wir wissen, daß ein Kubikzoll Wasser $1\frac{2}{9}$ preußische Loth wiegt; es wird also 1 Kubikzoll des etwa 14 mal schwereren Quecksilbers $1\frac{2}{9}.14$ oder $17\frac{1}{9}$ Loth wiegen, und 28 Kubikzoll Quecksilber $17\frac{1}{9}.28$ oder $479\frac{1}{9}$ Loth oder 14 Pfd. $31\frac{1}{9}$ Loth, also in runder Zahl 15 Pfd. Es drückt deshalb bei 28 Zoll hohem Barometer-Stande die Luft auf jeden Quadratzoll mit circa 15 Pfd. und auf einen Quadratfuß mit 15 mal 144 oder 2160 Pfd. oder mit 20 Zentnern.

Auf diesem bedeutenden Druck beruhen viele auffallende Erscheinungen der Physik, und man hat mancherlei Verrichtungen im praktischen Leben darauf begründet, deren wir noch später erwähnen werden.

Der zweite Satz der Hydrostatik — Seite 127 — findet hier ebenfalls Anwendung; er heißt:

Jeder Körper verliert in der freien Luft so viel an seinem Gewichte, als die Luft wiegt, deren Stelle er einnimmt.

Aus diesem Grunde zeigt eine Waage das richtige Gewicht eines Körpers nur dann im lufterfüllten Raume an, wenn Gewichte und der zu wägende Körper von einerlei Materie sind. Ist dies nicht der Fall, so ist alles Wägen eigentlich falsch, und es müßte dasselbe streng genommen im luftleeren Raume geschehen; der Fehler, den man hier begeht, ist aber so klein, daß er nur bei der allergenauesten wissenschaftlichen Untersuchung in Betracht zu ziehen, in allen andern Fällen aber als Null angesehen werden kann.

Eben so folgt aus diesem Gesetz, daß jeder Körper, der leichter als die athmosphärische Luft ist, in derselben in die Höhe steigen muß. Es begründet sich darauf die bekannte Erfindung der Luftballons, wo eine leichte, luftdichte Hülle dadurch zum Steigen gebracht wird, daß man entweder die in ihr enthaltene Luft durch Hitze verdünnt und dadurch specifisch leichter macht, oder daß man die Hülle überhaupt mit einer leichtern Luftart — Wasserstoffgas — füllt; doch steigt ein solcher Körper nicht, wie dies im Wasser der Fall, bis zur äußersten Gränze des Luftkreises, sondern, da die Schwere der Luft nach oben zu abnimmt, nur bis zu der Luftschicht, mit welcher er gleiches specifisches Gewicht hat.

Der unterscheidende Charakter eines luftförmigen Stoffes ist seine Ausdehnsamkeit oder Expansivkraft. Es kann wegen dieser Eigenschaft ein solcher Stoff nur in einer gewissen Form erhalten werden, wenn er durch einen gleichen Druck von allen Seiten eingeschlossen wird, gleichviel, ob dieser Druck von den Wänden eines sperrenden Gefäßes, oder von dem Gegendruck der umgebenden Luftmasse herrührt. Vermehrt man diesen Druck, so wird die Luft in einen kleinern Raum gepreßt, vermindert man ihn, so dehnt sie sich in einen größern Raum aus. Es läßt sich aus dem einfachen Begriff des Gleichgewichts das Gesetz herleiten: daß die Expansivkraft der Luft immer dem Druck gleich sein muß, durch welchen sie in einem bestimmten Raum erhalten wird, welches als erstes eigenthümliches Grundgesetz der Aërostatik zu betrachten ist.

Ueber das Verhältniß der Dichtigkeit der Luft zu ihrem Volumen beim Zusammenpressen derselben hat Mariotte zu Anfang des achtzehnten Jahrhunderts in Paris sehr genaue Versuche angestellt, indem er in Glasröhren, die genaue cylindrische Höhlungen hatten, durch Quecksilber die Luft mittelst des Drucks von Quecksilber verdichtete und verdünnte, und an Scalen die Zu- und Abnahme des Volumens maß. Aus seinen Versuchen ist folgendes Grundgesetz hervorgegangen, welches man das Mariottische Gesetz nennt:

Bei verändertem Druck steht die Dichtigkeit der Luft in gradem Verhältniß mit dem Druck und im umgekehrten mit dem Volumen, wobei jedoch die

Luft einerlei Temperatur und gleiche chemische Mischung haben muß.

Dieses Gesetz hat, so weit man es bis jetzt erproben konnte, sich bei allen Gasarten und unter allen Temperaturen als richtig gezeigt, weshalb bisher an seiner Allgemeinheit nicht zu zweifeln ist.

Wie die Gesetze der Aërostatik in allen den Beziehungen, wo blos die Schwere wirksam ist, mit denen der Hydrostatik übereinstimmen, so weichen sie dagegen in allen Beziehungen davon ab, wo die Ausdehnsamkeit wirkt. Dahin gehört besonders auch der Druck, welchen eingeschlossene Gasarten gegen die sperrenden Wände äußern. In der Hydrostatik wurde gezeigt, daß dieser Druck in gewissen Fällen viel größer sei, als das Gewicht der eingeschlossenen Wassermasse. Bei der Luft findet etwas Aehnliches statt, nur ist die Ursache hier eine andere. In offenen Gefäßen setzt sich die Luft mit der äußern Luft ins Gleichgewicht, d. h. sie nimmt mit derselben gleiche Dichtigkeit und Ausdehnsamkeit an. Schließt man ein vorher offenes Gefäß, so wird nichts geändert, und wenn man annimmt, daß die äußere Luft auf jeden Quadratzoll einen Druck von 15 Pfd. ausübt, so bringt auch die eingeschlossene Luft, sie mag noch so gering an Quantität sein, denselben Druck hervor. Durch diesen starken Druck dringt die Luft in die geringste Oeffnung, selbst zwischen zwei auf einandergelegte Ebenen, und übt dort in jedem Punkt einen eben so starken Druck aus, als im Freien, und aus diesem Grunde ist es schwer, Gefäße luftdicht zu arbeiten, es gehört eine ganz besondere große Aufmerksamkeit dazu. In jedem nicht luftdicht verschlossenen Raum wird also die Luft mit der äußern Luft im Gleichgewicht stehen, d. h. gleiche Dichtigkeit, mithin gleiche Schwere und gleiche Expansivkraft haben, weshalb auch ein Barometer im Zimmer ganz denselben Stand haben muß als im Freien, wenn nicht die Temperatur bedeutend verschieden ist, was allerdings, wie später gezeigt werden soll, einigen Einfluß ausübt.

Eine andere Abweichung der Gesetze der Aërostatik von denen der Hydrostatik findet auch in der Abnahme des Drucks in den höhern Luftschichten statt. Bei der tropfbaren Flüssigkeit steht der Druck in gradem Verhältniß mit der Wasserhöhe, er nimmt also von unten nach oben in einer arithmetischen Reihe ab. Bei dem luftförmigen Körper gestaltet sich dies wegen ihrer Elasticität anders. Nach dem Mariottischen Gesetz, was um stehend angeführt, ist die Abnahme des Luftdrucks sehr einfach zu berechnen, indem er mit der Dichtigkeit im gleichen Verhältniß steht, und es unterliegt keinem Zweifel, daß diese Abnahme durchaus gesetzmäßig sein muß.

Es läßt sich ermitteln, daß der Druck der Luft nach der Höhe zu, in einer geometrischen Reihe abnehme, und darnach wird auch der Barometerstand in der Höhe abnehmen, und es ist bei Bekanntschaft mit den geometrischen Reihen leicht eine Regel aufzufinden, welche die Mittel angiebt, aus dem Barometerstande die Höhe des Standpunktes zu finden, wodurch die Theorie des Höhenmessens durch das Barometer sich erklärt. Alle Schlüsse, die bisher über die luftförmigen Körper angestellt worden, setzen eine immer gleichförmige Temperatur voraus. Die Veränderung der Temperatur bringt in die Gesetze einige Modificationen hervor, doch wollen wir diese erst in dem Abschnitt von der Wärme näher betrachten.

In dem Jahre 1650 erfand Otto Guerike, Bürgermeister in Magdeburg, die Luftpumpe, eines der wichtigsten Apparate für die Physik, besonders aber ganz unentbehrlich zur Erläuterung der Lehren in der Aërostatik. Die einfachste Einrichtung einer Luftpumpe ist die in Fig. LXXVI. abgebildete, wo AB eine Röhre von Eisen vorstellt, welche innerhalb sehr genau cylindrisch gearbeitet ist. Bei B ist eine Oeffnung, welche mit einem Ventil luftdicht verschlossen wird, das sich in der Richtung nach außen zu öffnet. Bei C befindet sich eine andern Oeffnung, welche mit einer kurzen Röhre umgeben, in der ebenfalls ein genau schließendes Ventil sich in der Richtung nach innen zu öffnet. Beide Oeffnungen bei B und C sind äußerlich mit feinen Schraubengewinden versehen, wodurch man das ganze Instrument mittelst einer einfachen Vorrichtung sehr leicht mit jedem Gefäß in Verbindung setzen kann. In der Röhre AB ist eine eiserne Stange DE, die unten bei E mit einem sehr dicht schließenden Kolben versehen, der von Filz oder Leder verfertigt, auf und nieder beweglich. Der Gebrauch dieser einfachen Luftpumpe ist aus ihrer Einrichtung sehr bald zu ersehen.

Zieht man nämlich den Kolben E nach A zu, so entsteht hinter dem Kolben ein luftleerer Raum. Die atmosphärische Luft drückt auf die beiden Ventile bei B und C mit aller Gewalt, ohne in der Röhre selbst einen Gegendruck zu finden. Da nun das Ventil bei B sich nach außen zu öffnet, wird es in dem vorliegenden Fall durch den äußern Druck fest verschlossen, das Ventil bei C aber, welches nach Innen sich öffnet, aufgedrückt, und es strömt durch die Oeffnung C Luft in die Pumpe. Stößt man nun den Kolben zurück nach B zu, so wird die Luft in der Röhre zusammengepreßt; sie schließt deshalb das Ventil bei C, öffnet aber, indem sie den äußern Druck überwindet, das Ventil bei B und strömt durch die Oeffnung B aus. Man begreift leicht, wie mit dem Auf- und Niederbewegen des Kolbens sich das eben beschriebene Spiel erneuern wird, d. h. durch die Oeffnung C wird Luft eingesaugt, und durch die Oeffnung B dieselbe wieder ausgestoßen. Diese einfache Luftpumpe ist nun sowohl zur Verdünnung, als zur Verdichtung der Luft zu gebrauchen. Will man z. B. in einem Gefäß die Luft verdünnen, so setzt man solches mittelst einer einfachen Vorrichtung mit der Oeffnung C in Verbindung, und es wird bei Bewegung des Kolbens die Luft aus dem Gefäß in die Röhre der Pumpe und aus dieser durch die Oeffnung B ausgestoßen werden, so daß die Luft in dem Gefäß mit jedem Kolbenzuge an Quantität abnimmt, mithin mehr ausgedehnt oder dünner wird. Soll die Luft in einem Gefäß verdichtet — comprimirt — werden, so verbindet man das Gefäß mit der Oeffnung B, und es ist begreiflich, wie mit jedem Kolbenzuge bei C die äußere Luft eingesogen und beim Niederstoßen des Kolbens durch die Oeffnung B in das angeschraubte Gefäß gepreßt wird. Diese Luftpumpe ist ferner sehr bequem zum Uebertragen einer Luftart aus einem Behälter in einen andern zu brauchen, indem man das Gefäß, aus welchem man die Luftart entnehmen will, mit der Oeffnung C, das andere aber, in welches die Luftart kommen soll, mit der Oeffnung B in Verbindung setzt und nun die Operation durch Auf- und Niederbewegen des Kolbens ausführt. Zu bemerken ist, daß die Ventile sowohl, als der Kolben und die innere Höhlung der Röhre sehr genau gearbeitet und passend eingeschliffen sein müssen, damit nirgends ander,

Luft eindringe, als da, wo es die Einrichtung des Instruments verlangt.

Um den Grad der Verdünnung der Luft in einem Gefäß — gewöhnlich wählt man Glasglocken dazu — bestimmen zu können, hat man ein kleines Heber-Barometer, Fig. LXXVII., von etwa 5 bis 6 Zoll Höhe, dessen eines Ende bei a zugeschmolzen, das andere bei c offen ist. Da die Quecksilbersäule sehr niedrig, wird bei dem gewöhnlichen Luftdruck immer der Theil ab ausgefüllt sein. Die Röhre ab hat eine Scala, und das ganze Instrument einen Fuß D, um es in ein Gefäß, in welchem die Luft verdünnt werden soll, gut aufstellen zu können. Je mehr nun die Luft verdünnt wird, desto weniger wird sie in den bei c offenen Schenkel der Röhre auf das Quecksilber drücken, und es wird also das Quecksilber in dem Schenkel ab fallen, in dem Schenkel bc steigen. Würde das Gefäß vollkommen luftleer gemacht, so müßte das Quecksilber in beiden Schenkeln gleich hoch stehen, doch bringt man mit der besten Luftpumpe keine weitere Verdünnung hervor, als die, wo der Druck noch einer Quecksilbersäule von $\frac{1}{2}$ Linie das Gleichgewicht hält, was schon eine 700malige Verdünnung anzeigt. Die Scala längs dem Schenkel ab ist ein Mittel, den Verdünnungsgrad jeden Augenblick zu bestimmen. Da nach dem Mariettischen Gesetz die Dichtigkeit in gleichem Verhältniß mit dem Druck steht, so darf man nur den Barometerstand beobachten, und diesen mit dem Stande des Quecksilbers im Gefäß vergleichen. Wäre z. B. der Barometerstand 27'' 8''', die Höhe der Quecksilbersäule in dem Gefäß, wo die Luft verdünnt worden, aber 4''', so verhält sich die Dichtigkeit der äußern Luft zu der im Gefäß wie 27'' 8''' zu 4''' oder wie 332''' zu 4''' oder 83 zu 1, d. h. die Luft im Gefäß ist 83 mal verdünnter, als die atmosphärische.

Vermittelst der Luftpumpe lassen sich eine große Menge theils lehrreicher und nützlicher, theils interressanter physikalischer Versuche anstellen. Wir heben hier nur einige von denen heraus, welche für die Aërostatik von Wichtigkeit sind und die Gesetze derselben bestätigen.

1. Füllt man ein Gefäß zum Theil mit Wasser und verschließt dessen Mündung mit einem Pfropfen, durch welchen eine Röhre führt, welche oben in eine Spitze endigt, unten aber

beinahe bis an den Boden des Gefäßes reicht, luftdicht, und verdichtet nun mittelst der Luftpumpe die Luft über dem Wasser möglichst, während welcher Zeit ein Hahn die Röhre verschließt, so wird, wenn man den Hahn öffnet, das Wasser mit großer Gewalt und in einem langen Strahl zur Röhre hinausgetrieben, indem die verdichtete Luft sich ausdehnt und sich mit der äußern Luft ins Gleichgewicht zu setzen sucht, dadurch aber auf das Wasser drückt und dieses zur Röhre hinaustreibt.

Man hat von dieser Wirkung der zusammengepreßten Luft eine sehr nützliche Anwendung bei den Feuerspritzen gemacht, indem man einen sogenannten Windkessel anbrachte. Dieser Windkessel besteht aus einem luftdichten Gefäß A, Fig. LXXVIII., in welchem die Spritzenröhre CB bis beinahe auf den Boden geht. Bei D ist eine Oeffnung, durch welche mittelst der gewöhnlichen Pumpe das Wasser in den Windkessel gepumpt wird. Der Windkessel ist nun vor dem Gebrauch voll Luft; so wie die Spritze in Gang kommen soll, hält man die Spritzenröhre vorn zu und pumpt Wasser in den Windkessel. Ist nun z. B. das Wasser bis zu der Höhe ab gestiegen, so ist die Luft, welche vorher den ganzen Windkessel einnahm, jetzt in den darüberstehenden kleinen Raum zusammengedrängt, und öffnet man nun die Spritzenröhre, so drückt die comprimirte Luft das Wasser mit großer Gewalt hinaus. Ist die Einrichtung so getroffen, daß immer so viel Wasser durch die Oeffnung D zu kömmt, als durch das Spritzenrohr entweicht, so bleibt die Luft immer gleich comprimirt, mithin auch ihr Druck gleichförmig. Eine auf diese Art eingerichtete Feuerspritze hat den großen Vorzug, daß das Wasser viel weiter getrieben wird, und daß es ununterbrochen aus dem Spritzenrohr strömt, nicht, wie bei den Spritzen ohne Windkessel, stoßweise. Dadurch ist sie zum Löschen sehr heftigen Feuers viel brauchbarer, als die ältern Spritzen.

Es scheint, als wären ähnliche Einrichtungen bei Springbrunnen, Druckpumpen 2c. mit vielem Vortheil anzubringen. Die Art, wie dies zu bewerkstelligen, ist aus Obigem ersichtlich; die speciellere Ausführung muß der Technik anheimfallen.

Um zu übersehen, auf welche Weise die Rechnung bei dergleichen Einrichtungen zu führen, nehmen wir an, daß eine

Feuerspritze das Wasser 80 Fuß hoch treiben soll; dann muß man einen Druck anwenden, welcher der Wasserhöhe von 80 Fuß entspricht und dabei noch etwas mehr veranschlagen, weil, wie früher angeführt, die Sprunghöhe immer etwas geringer ist. Dieser Druck muß nun in dem Pumpenstiefel auf das Wasser ausgeübt werden, und nehmen wir an, daß dieser $\frac{1}{2}$ Quadratfuß Durchschnittsfläche hat, so wird eine Säule von 80 Fuß Höhe 40 Kubikfuß Wasser enthalten, welche mit 40 mal 70 oder 2800 Pfd. drücken. Diese 2800 Pfd. sind es nun auch, mit welchen die Arbeiter an der Spritze, natürlich durch Hebel unterstützt, auf das Wasser im Pumpenstiefel drücken müssen. Die vordere Oeffnung des Spritzenrohrs wird durch die Geschwindigkeit des ausströmenden Wassers und die Geschwindigkeit, mit welcher der Kolben im Pumpenstiefel in Bewegung ist, bestimmt, weil die ausströmende Wassermasse immer mit der gleich sein muß, welche durch den Kolben in gleicher Zeit aus dem Stiefel verdrängt wird. Die auffallendste Wirkung der comprimirten Luft liefert uns die Windbüchse, wo nur durch die zusammengepreßte Luft, der man schnell einen Ausweg, um sich auszudehnen, verstattet, die Bleikugel mit einer beinahe der Pulverexplosion gleichen Kraft fortgeschleudert wird.

Nimmt man an, aus einem Rohr von $\frac{3}{8}$ Zoll Weite werde eine Bleikugel von demselben Durchmesser geschossen, so wird diese Kugel etwa $\frac{2}{5}$ Loth wiegen und ihr Querschnitt $\frac{1}{8}$ Quadratzoll betragen. Wir wissen, daß die Atmosphäre auf den Quadratzoll mit beinahe 15 Pfd. drückt, sie würde also auf diese Kugel mit 54 Loth, oder mit einem 130 mal so großen Gewicht, als das der Kugel selbst ist, drücken. Ist die Luft in der Windbüchse 100 mal verdichtet, so drückt diese verdichtete Luft auf die Kugel mit einem 13000 mal größern Gewicht, als sie wiegt. Die Schwerkraft bringt aber in $\frac{1}{600}$ Secunde eine Geschwindigkeit von $\frac{10}{200}$ oder $\frac{1}{20}$ Fuß hervor, und es würde deshalb jene 13000fache Kraft eine Geschwindigkeit von 650 Fuß in der Secunde erzeugen, wenn die Kraft auch nur $\frac{1}{600}$ Secunde lang wirksam wäre. Länger kann man aber diese Wirkung nicht annehmen, weil sie in ihrer ganzen Kraft nur im ersten Augenblick statt findet und bei dem Vorrücken der Kugel sogleich wieder abnimmt. Es ist deswegen wohl möglich, daß bei einer

Windbüchse von sonst zweckmäßiger Konstruktion die Kugel eine Anfangsgeschwindigkeit von 600 bis 700 Fuß erreichen kann.

Auf ganz ähnliche Weise läßt sich auch die Kraft des Schießpulvers berechnen, und auf solche Art wurden die Resultate der Rumfordschen Versuche in Betrachtung gezogen, um daraus die Wirkung des Pulvers zu erfahren. Es wurde nämlich dabei ein kleiner Mörser angewendet, bei welchem die Mündung $\frac{1}{20}$ Quadratzoll enthielt, auf welche also die Atmosphäre mit einer Kraft von $\frac{15}{20}$ oder $\frac{3}{4}$ Pfd. drückte. Auf die Mündung wurde ein Gewicht von 8000 Pfd. gesetzt und dieses durch 18 Gran Pulver gehoben, so daß die im Innern des Mörsers entwickelten elastischen Gase ungefähr die 11000fache Kraft der Atmosphäre ausübten; ja bei einigen Versuchen ergab sich sogar ein 50000 facher Druck.

2. Wenn man einen oben und unten offnen Cylinder auf einen Teller der Art stellt, daß er luftdicht schließt, und auf diesen Cylinder eine Glasplatte mit Wachs ebenfalls luftdicht kittet, hierauf in dem Cylinder die Luft möglichst verdünnt, so springt die als Deckel benutzte Glasplatte entzwei.

Deckt man den Cylinder mit einem hölzernen Gefäß aus sehr dichtem Holz zu und füllt in dasselbe Wasser oder Quecksilber, so wird nach gehöriger Luftverdünnung das Wasser, oder Quecksilber durch das Holz als feiner Regen in den Cylinder fallen.

Nimmt man zwei hohle Halbkugeln von Metall, die mit ihren Kreisflächen sehr genau auf einander schließen, legt sie auf einander, daß sie eine Kugel bilden, und verdünnt durch die Luftpumpe die Luft in dieser Kugel nach Möglichkeit, so gehört eine sehr große Gewalt dazu, diese Halbkugeln, welche vorher sehr leicht aus einander zu nehmen war, zu trennen. Man nennt diese Halbkugeln die Magdeburgischen oder Guerikeschen Halbkugeln nach ihrem Erfinder.

Alle drei angeführten Versuche beweisen den Druck der atmosphärischen Luft, denn, indem die Luft in den Cylindern verdünnt wird, ist der Gegendruck aufgehoben, und die atmosphärische Luft kann frei wirken, dadurch wird die Glasplatte zersprengt, und das Wasser oder Quecksilber durch die feinen Poren des Holzes gedrückt. Man kann auf solche Weise sehr kräftige Extracte aus Kräutern 2c. in kurzer Zeit ziehn. Bei den Halbkugeln ist es ebenfalls der Druck der äußern Luft, welcher sie mit solcher Gewalt zusammenhält. Es läßt sich für alle Fälle der Druck, den die äußere Luft ausübt, sehr leicht schätzen, wenn man sich erinnert, daß sie auf den Quadratzoll mit etwa 15 Pfd. drückt, denn man hat nur nöthig, den Inhalt der Fläche, welche dem Druck ausgesetzt ist, mit 15 zu multipliciren; dabei ist aber immer darauf zu rechnen, daß selbst mit der besten Luftpumpe kein ganz luftleerer Raum geschaffen werden kann.

Man hat diesen Druck der Luft technisch benutzt, bei Münzwerken zum Ausprägen des Geldes, indem man unter den Prägestempeln, welche in Cylindern luftdicht schließen, und die einen Kopf von verhältnißmäßig sehr großer Oberfläche haben, durch eine Luftpumpe die Luft möglichst verdünnt. Die Stempel werden dann durch den Druck der äußern Luft mit großer Gewalt niedergedrückt, und prägen das Geld aus. Man setzt durch eine Luftpumpe sehr viele dergleichen Stempel in Bewegung, und die Einrichtung hat sich seit längerer Zeit schon als vortheilhaft bewährt. Es scheint nicht unmöglich, eine ähnliche Vorrichtung bei Stanzwerken anzubringen, vermittelst welcher man die eisernen Kartätschscheiben, nicht zu starke Blechbeschläge der Laffetten, wie z. B. die Unterlegescheiben für die Bolzenköpfe 2c., ausprägen könnte.

3. Wenn man in einem etwas hohen Cylinder eine Vorrichtung anbringt, mittelst welcher man, wenn die Luft in diesem Cylinder möglichst verdünnt ist, an der Deckplatte desselben befestigte Gegenstände losmachen kann, ohne Luft einzulassen, und man befestigt an der Decke zwei an Gewicht und Volumen sehr verschiedene Körper, z. B. einen Dukaten und eine Flaumfeder, und läßt, nachdem man die Luft im Cylinder möglichst verdünnt hat, beide los, so werden beide mit gleicher Geschwindigkeit fallen und ganz gleichzeitig am Boden des Cylinders anlangen. Dieser Versuch liefert einen Beweis für die Allgemeinheit der Gesetze des freien Falls und zeigt deutlich, wie scheinbare Anomalien nur von dem Widerstande der Luft herrühren.

4. Ferner läßt sich durch die Luftpumpe die Schwere jeder Luftart sehr leicht ermitteln, indem man solche in eine Glaskugel sperrt und diese wägt, hierauf die Luft aus der Glaskugel pumpt und die Wägung abermals unternimmt. Der Unterschied, welchen beide Wägungen ergeben, zeigt die Schwere der Luftart an. Hat man bei dem Auspumpen ein kleines Heberbaromoter, wie es Seite 163 beschrieben, angewendet, auf die angegebene Art die Verdünnung der Luft berechnet, und das Resultat bei der Wägung mit berücksichtigt, so läßt sich das Gewicht einer Luftart auf die angezeigte Manier sehr genau finden.

Solche Wägungen haben nun ergeben, daß verschiedene Luftarten bei gleichem Druck, also auch bei gleicher Expansivkraft, ganz verschiedenes Gewicht haben, und daß es also bei den Luftarten, wie bei den festen und tropfbarflüssigen Körpern, einen Unterschied in der specifischen Schwere giebt. Man hat bei Bestimmung des specifischen Gewichts der Luftarten das Gewicht der atmosphärischen Luft zu 1 angenommen, und darnach die übrigen festgestellt, und genaue Untersuchungen haben folgendes Resultat gegeben:

	Specifisches Gewicht.
Atmosphärische Luft	1,00000
Oxygen-Luft (Sauerstoffgas)	1,10359
Azot-Luft (Stickstoffgas)	0,96913
Hydrogen-Luft (Wasserstoffgas)	0,07321
Kohlensaure Luft (Kohlensaures Gas) . . .	1,51961

Man hat die Verdünnung der Luft auch benutzt, um das specifische Gewicht solcher Körper, die unter Wasser nicht gut gewägt werden können, weil sie sich verändern, wie z. B. Pulver, Salpeter, Kohle rc. zu finden. Zu diesem Zweck dient ein weites Glasgefäß A, Fig. LXXIX., welches zum Theil mit Quecksilber gefüllt ist; in dieses setzt man eine Röhre BD, welche an beiden Enden offen und mit einer Gradeintheilung versehen ist. Diese Röhre wird in dem obern Theil D enger und ist mit einem weitern Glasgefäß E luftdicht verbunden; letzteres ist zugleich oben so genau abgeschliffen, daß eine darauf gelegte Glasplatte FG es luftdicht verschließt. Nimmt man bei dem Einsetzen der Röhre in das Gefäß A die Glasplatte ab, so ist die über dem Quecksilber in der Röhre AD und dem Gefäß E sich befindende Luft mit der atmosphärischen Luft im Gleichgewicht. Legt man nun die Glasplatte auf und zieht allmählig die Röhre in die Höhe, so muß die eingeschlossene Luft einen größern Raum einnehmen, sie wird mithin verdünnt und das Quecksilber wird begreiflicher Weise in der Röhre BD in die Höhe steigen. Dieses setzt man so lange fort, bis die Quecksilberhöhe in der Röhre genau die Hälfte des Barometerstandes zu derselben Zeit beträgt. Den Punkt a, wo dieses statt findet, merkt man sich. Hierauf wird die Röhre wieder hinabgelassen, die Glasplatte abgenommen und der zu wägende Körper in das Gefäß E gebracht, wobei jedoch genau darauf zu sehen, daß nichts davon in die Röhre DB kommt. Nun wird die Glasplatte wieder aufgelegt, und dasselbe Verfahren wiederholt, und es wird sich finden, daß nun ein anderer Punkt b der Röhre für die halbe Höhe des Barometerstandes beim Eindringen des Quecksilbers in die Röhre sich ergiebt. Der Raum ba giebt das Volumen des zu untersuchenden Stoffes an, und weiß man vorher, wie viel destillirtes Wasser in den Raum ab der Röhre Platz hat, was durch die Gradeintheilung sehr leicht bestimmt sein kann, so ist es nicht schwer, nach der schon früher gegebenen Anleitung das specifische Gewicht des Stoffes zu finden.

5. Wenn man ein Glas ganz mit Wasser füllt, mit einem Papier zudeckt und, während man das Papier mit der Hand fest andrückt, das Glas umkehrt, so wird, wenn man die Hand wegnimmt, kein Wasser aus dem Glase laufen. Diese Erscheinung erklärt sich ebenfalls durch den Druck der äußern Luft, welche im Stande ist, einer 32 Fuß hohen Wassersäule das Gleichgewicht zu halten. Man hat ein Geräth, unter dem Namen Stechheber bekannt, welches gebraucht wird, um Flüssigkeiten aus Fässern zu heben. Die Einrichtung und der Gebrauch desselben beruht auf obiger Erscheinung. Es besteht nämlich aus einer Röhre, die unten in eine Spitze ausläuft und oben so weit ist, daß man sie mit dem darauf gelegten Finger verschließen kann; nicht zu weit vom obern Ende hat sie in der Regel eine Erweiterung, damit sie mehr Flüssigkeit aufnehmen kann. Wenn man dieses Instrument mit dem untern Ende in

die Flüssigkeit versenkt, und am obern mit dem Munde die Luft aussaugt, so steigt die Flüssigkeit durch den Druck der äußern Luft in die Röhre und füllt diese an. Verschließt man nun die obere Oeffnung, so erlaubt der Druck der äußern Luft keinen Ausfluß aus der untern kleinern Oeffnung; so wie man aber die obere Oeffnung frei macht, drückt die atmosphärische Luft in dieselbe, und die Flüssigkeit strömt zu der untern Oeffnung aus. Bei der Wägung von Flüssigkeiten leisten dergleichen kleine Stechheber von Glas sehr gute Dienste, indem man sie mit der Flüssigkeit füllt und mit dem Daumen zuhält. Sobald man den Daumen hebt, fällt die Flüssigkeit wegen der kleinern Oeffnung nur tropfenweis in das Gefäß, und man ist solcher Art im Stande, die Abwägung sehr genau zu vollbringen.

6. Eine gebogene Röhre, deren einer Schenkel länger als der andere, nennt man einen Heber. Stellt man solchen Heber mit dem kurzen Schenkel in eine Flüssigkeit und saugt aus dem längern Schenkel die Luft, so fließt die Flüssigkeit aus dem Gefäß ununterbrochen so tief ab, als der kurze Schenkel reicht. Der Grund dieser Erscheinung ist folgender: Denken wir uns in Fig. LXXVIII. den Heber GEF bei G verschlossen und ganz mit Wasser gefüllt, so wird es in beiden Schenkeln von E auf abwärts drücken, aber nicht wirklich sinken, weil bei G der Verschluß, bei F der Druck der atmosphärischen Luft auf die Wasserfläche ab es verhindert. Dieser Druck, der einer Wassersäule von 32′ Höhe das Gleichgewicht hält, ist mehr als hinreichend, die Wassersäule FE zu tragen, und es entsteht eben durch seinen Ueberschuß ein Zusammenpressen der Wassersäulen GE und FE in E; öffnet man nun den Heber bei G, so drückt auf G die atmosphärische Luft mit gleichem Gewicht, und das Zusammenpressen bei E bleibt, dagegen strömt das Wasser aus G, weil die Wassersäule EG länger, mithin schwerer als EF, der Druck bei ab erhält aber die Säule FE immer in ihrer Höhe, und es wird deshalb ein ununterbrochenes Fließen so lange statt finden, bis der Wasserspiegel nach cd gesunken. Man könnte diesen Heber, der zum Leeren von Weinfäßern 2c. benutzt wird, vielleicht im Gro-

ßen bei Ueberfüllung eines Wasserbehälters in den andern, vorausgesetzt, daß der zweite tiefer liegt, als der erste, in dem Fall anwenden, wenn man den dazwischen liegenden Damm nicht durchstechen und dadurch einen Abfluß bewirken will. Wenn man Flüssigkeiten verschiedener Gattung, die in ein und demselben Gefäß über einander gelagert liegen, ohne Vermischung abfüllen will, kann man einen solchen Heber ebenfalls recht gut benutzen, indem man ihn immer nur bis in die betreffende Flüssigkeit mit dem kürzern Schenkel versenkt und diese dann abzieht.

Ganz ähnliche Wirkung, wie die Luftart, zeigen auch die Dünste oder Dämpfe, welche man mittelst Wärme aus tropfbaren Flüssigkeiten entwickelt, doch können wir dieselben erst bei der Lehre von der Wärme, wo ihre Erzeugung zuvörderst dargestellt werden muß, näher betrachten.

Ueber die Bewegung elastischer Flüssigkeiten. — Erste Gründe der Pneumatik. —

Die Lehre von der Bewegung der Luft ist noch sehr wenig wissenschaftlich bearbeitet, da der Begründung einer Theorie hier unüberwindliche Schwierigkeiten in den Weg treten. Man hat, um wenigstens einen Anhalt zu haben, die Gesetze der Hydraulik auch hier als geltend angenommen mit den Modificationen, welche das specifische Gewicht und die Elasticität der luftförmigen Körper nöthig machen. Die wichtigsten und zugleich fürs Leben fruchtbringendsten Betrachtungen betreffen die Bewegungen durch den Stoß der Luft und die Verhältnisse des Widerstandes anderer Körper in der Luft, doch begründen sich alle diese Betrachtungen nur auf Versuche, die noch dazu nicht allzu große Zuverläßigkeit haben, da die Richtungen des Luftstoßes (Windes) in kurzen Zeiträumen auffallenden Wechseln unterworfen sind, so daß man gar nicht im Stande ist, diese verschiedenen Wechsel zu beobachten.

Läßt man feste Körper in der Luft fallen, so wird ihr Fall durch den Widerstand der Luft merklich verzögert, und diese Verzögerung wächst mit der Zunahme des Volumens bei gleichem Gewicht in außerordentlich steigendem Verhältniß, so daß z. B. eine hohle Schweinsblase von 5½ Zoll Durchmesser 17 bis 21

Secunden braucht, um einen Raum von 275 Fuß zu durchfallen, da sie nach dem Gesetze des Falles ohne Widerstand der Luft über 4000 Fuß in derselben Zeit zurücklegen müßte. Eine Bleikugel von 2 Zoll Durchmesser legte beim Fall in 4½ Secunde Zeit gegen 80 Fu weniger zurück, als nach der Berechnung statt finden sollte.

Auf dieser Verzögerung des Falles der Kör er von großem Volumen in der Luft beruht die Anwendung des Fallschirms, welchen man in mehreren Armeen bereits benutzt, um Leuchtkugeln, die von Raketen in ziemlich bedeutender Höhe ausgestoßen werden, längere Zeit schwebend in der Luft zu erhalten und dadurch das darunterliegende Terrain zu beleuchten. Es läßt sich die Größe des Fallschirms f'r eine Kugel von bestimmtem Gewicht, wenn man zugleich die Geschwindigkeit, mit welcher sie fallen soll, kennt, durch folgende Betrachtungen ermitteln: Wenn eine Kugel von 8 Pfd. Schwere mit 10 Fuß Geschwindigkeit fallen soll, so wird der Schirm auf eine Luftsäule drücken müssen, welche bei 3⅓ Fuß Höhe — als das Maß, welches bei der gewählten Geschwindigkeit von 10 Fuß das Doppelte der entsprechenden Fallhöhe ausmacht — 8 Pfd. wiegt. Wir wissen aber, daß 11 Kubikfuß Luft in runder Zahl 1 Pfd. wiegen, und wir werden die Grundfläche der verlangten Luftsäule erhalten, wenn wir 8 mal 11 oder 88 durch 3⅓ theilen, was 37⅘ oder beinahe 38 Quadratfuß giebt. Denselben Flächenraum muß der Fallschirm haben, wenn er obige Forderungen erfüllen soll, er würde deshalb ein Quadrat von etwas über 6 Fuß Seitenlänge bilden müssen. Dabei ist jedoch zu berücksichtigen, daß das Gewicht des Schirms zu den 8 Pfd. mit gerechnet werden muß, weshalb die Leuchtkugel um so viel, als der Schirm wiegt, leichter zu machen wäre.

Die Verzögerung der Körper beim Fall in der Luft ist aber wegen der Elasticität der Luft nie der Art, wie im Wasser, wo die Fallbewegung sich in eine gleichförmige Bewegung verwandelt, vielmehr wird die Geschwindigkeit beständig abnehmen; und denkt man sich eine recht hohe Luftsäule, so müßte sie am Ende in derselben Null werden und der Körper schweben bleiben, weshalb das Sinken der Fallschirme so äußerst langsam geschieht.

Vielfache Versuche, die man zur Messung des Widerstandes der Luft gegen bewegte Körper angestellt, haben einstimmig gezeigt, daß die Luft im senkrechten Widerstande wenigstens eben so genau, als bei Wasser, das Gesetz der Quadrate der Geschwindigkeiten befolgt; aber es hat sich auch ergeben, daß bei gleichen Geschwindigkeiten größere Flächen verhältnißmäßig einen größern Widerstand finden als kleinere, woraus hervorgeht, daß hier eben so wenig, als beim Wasser ein ganz allgemeines Gesetz sich aufstellen läßt. Ueber diesen Widerstand beim schiefen Stoß ist noch weniger, als über den beim senkrechten, etwas Bestimmtes aufzustellen.

Der Widerstand der Luft ist es, welcher die abgeschossenen Kugeln in ihrem Fluge hemmt und sie nie die Weite erreichen läßt, welche sie im luftleeren Raum oder ohne diesen Widerstand erlangen würden. Die Berechnung desselben gehört zu den schwierigern Aufgaben der höhern Mathematik, doch wollen wir versuchen, durch einige Betrachtungen mindestens den Gang solcher Berechnungen anzudeuten.

Eine 3pfündige eiserne Kugel hat etwa einen Durchmesser von $2\frac{2}{3}$ Zoll, und der Flächeninhalt eines größten Kreises derselben beträgt $5\frac{1}{2}$ Quadratzoll. Wenn auf diese Fläche eine Luftsäule von 1320 Fuß Höhe drückt, oder wenn die Luft mit der Geschwindigkeit, welche 1320 Fuß Druckhöhe zukommt, und die nach dem Gesetz des Fallens und des Druckes flüssiger Körper — Seite 79 rc. und Seite 165 rc. — 280 Fuß beträgt, stieße, so betrüge die Kraft des Stoßes $4\frac{1}{2}$ Pfd. Diese wird aber durch die abgerundete Gestalt der Kugel vermindert und beträgt wirklich nur 3 Pfd., und diese 3 Pfd. geben den Widerstand an, welchen eine 3pfündige eiserne Kugel bei 280 Fuß Geschwindigkeit erleidet. Bei dieser Geschwindigkeit ist also der Widerstand dem Gewichte gleich, woraus der Schluß ganz natürlich folgt, daß eine frei fallende eiserne Kugel von 3 Pfd. Schwere höchstens eine Geschwindigkeit von 280 Fuß in der Secunde erlangen kann, indem bei dieser Geschwindigkeit die Gewalt, welche die Luft zur Zerstörung der Geschwindigkeit anwendet, genau so groß ist, als die Kraft der Schwere, welche die Geschwindigkeit zu beschleunigen strebt. Man nennt diese Geschwindigkeit den Exponenten des Widerstandes, weil durch sie die wahre

Größe des Widerstandes gemessen werden kann. Es ist klar, daß dieser Exponent abnehmen muß, sobald die Kugel von einem leichtern Material ist, denn eine Kugel von Holz und von dem Durchmesser der 3pfündigen eisernen würde etwa ⅜ Pfd. oder ⅛ so viel wiegen, als die eiserne, und wenn wir auf obige Art die Geschwindigkeit suchen, bei welcher der Widerstand dem Gewichte der Kugel gleich ist, so würden wir etwa 100 Fuß in der Secunde finden. Nimmt man Kugeln von einerlei Materie, aber verschiedene Durchmesser an, so ist der Exponent des Widerstandes größer bei der größern, als bei der kleinern Kugel, d. h. die erstere kann beim freien Fall eine schnellere Bewegung erlangen, ehe Widerstand und Schwerkraft gleich stark wirken. Bei einer Kugel von doppelt so großem Durchmesser ist der Widerstand, so wie ein größter Querschnitt derselben vier mal so groß, das Gewicht der Kugel ist aber acht mal so groß, als bei dem einfachen Durchmesser. Wenn also bei der 3pfündigen Kugel eine Druckhöhe von 1320 Fuß Luft ausreichte, um den Druck gleich dem Gewichte der Kugel hervorzubringen, so muß diese Druckhöhe jetzt 2640 Fuß betragen, damit der Druck auf die vier mal so große Fläche bis zum achtfachen steige, und zu dieser Höhe findet man nach den früher angegebenen Regeln eine Geschwindigkeit von beinahe 400 Fuß in der Secunde, und es geht daraus hervor, daß wenn die 3pfündige Kugel beim freien Fall in der Luft höchstens 280 Fuß Geschwindigkeit erhalten kann, die von doppeltem Durchmesser oder von achtfachem Gewicht, also die 24pfündige Kugel beinahe eine Geschwindigkeit von 400 Fuß in der Secunde anzunehmen im Stande ist. Eine fortgesetzte Berechnung der Art ergiebt, daß eine eiserne Kugel, die einen vierfach so großen Durchmesser als die 3pfündige hat, die Geschwindigkeit von 2 mal 280 oder 560 Fuß, bei einem neunfachen Durchmesser die Geschwindigkeit von 3 mal 280 oder 840 Fuß in der Secunde ꝛc. beim freien Fall in der Luft annehmen kann. Aus diesen Betrachtungen ergiebt sich ferner, warum die Weiten und Höhen, welche die abgeschossenen Kugeln erreichen, so sehr viel geringer sind, als sie die Berechnung für die Bewegung im luftleeren Raume — die sogenannte parabolische Theorie — anzeigen, und wenn wir eine Kugel nehmen, bei welcher der Exponent des Widerstandes 400 Fuß ist, und diese mit 2000 Fuß Geschwindigkeit fortschleudern, so wird sie im ersten Augenblick, da die Geschwindigkeit 5 mal so groß, als der Exponent des Widerstandes ist, einen 5 mal 5 oder 25 fach größern Widerstand erleiden, als derjenige ist, welchen wir der Schwerkraft gleich fanden. Wenn wir nun die Fallweite der ersten Secunde wieder in runder Zahl zu 15 Fuß annehmen, so raubt die Schwere dem aufwärtssteigenden Körper schon in $\frac{1}{30}$ Secunde 1 Fuß an Geschwindigkeit, also vermindert dieser Widerstand in $\frac{1}{30}$ Secunde die Geschwindigkeit der Kugel um 25 Fuß, folglich in einer Secunde 30 mal 25 oder 750 Fuß, wobei jedoch zu bemerken, daß mit abnehmender Geschwindigkeit auch der Widerstand abnimmt.

Dies sind die allgemeinen Andeutungen der Punkte, auf welche bei Bestimmung der wirklichen Flugbahn abgeschossener Körper Rücksicht genommen werden muß. Es geht im Ganzen daraus hervor, daß größere Kugeln von ein und demselben Material geringern Widerstand in der Luft erleiden, und daß dasselbe bei schwerern Kugeln statt findet, weshalb nicht genug darauf zu sehen, daß die Geschützkugeln von möglichster Dichtigkeit im Material sind, was bei sonst gleichen Abmessungen am besten durch Untersuchung des Gewichtes zu erforschen ist.

Einigen Trost für die Unvollkommenheit der Materialien zu einer vollendeten Theorie für die Bewegung der elastischen Flüssigkeiten muß uns der Gedanke gewähren, daß eine noch so vollkommene Theorie in der Ausübung, namentlich bei Bewegung der Maschinen durch den Wind, selten, fast nie Anwendung finden würde, da die erste Bedingung zur Anwendung einer genauen Theorie wohl die ist, daß der Wind auf eine ihm entgegengestellte Fläche unter einem gegebenen Winkel regelmäßig und wenigstens in einer gewissen, nicht unbeträchtlichen Zeit, anhaltend stoße. Die Erfahrung zeigt aber, daß eine solche Regelmäßigkeit gar nicht statt findet. Man überzeugt sich leicht davon, wenn man eine Windfahne, die sehr beweglich ist und auf einem horizontalliegenden Kreise die Richtung angiebt, beobachtet, indem man in einer Minute 40 bis 55 Abweichungen von 5 Grad bemerkt und unter diesen selbst welche von 40 bis 70 Grad.

Beobachtungen mit dem sogenannten Windmesser oder Anemometer zeigen dies am deutlichsten. Das Instrument besteht meist aus einer Wetterfahne, welche mit einem Rahmen verbunden ist, in dem ein Pendel hängt; **ein** Zeiger zeigt die Richtung des Windes, ein anderer die Erhebung des Pendels, und dadurch die relative Stärke des Windes an; ist das Instrument empfindlich genug, so steht es auch bei sehr mäßigem Winde fast keinen Augenblick still.

Die Luft nimmt sehr leicht eine Bewegung durch Mittheilung von andern bewegten Körpern, besonders dem Wasser, an. So zeigt sich z. B. bei ruhiger Luft über jedem etwas schnell fließenden Strom ein Luftzug in der Richtung des Stroms, der nur durch stärkern Wind unmerklich wird, und bei den bedeutenden Strömungen im Weltmeer wird dieser Luftzug zu einem recht beträchtlichen Winde. In Bergwerken bedient man sich dieser Eigenschaft der Luft auf eine recht sinnreiche und einfache Weise, um Luftwechsel zu bewirken; wenn man nämlich einen Stollen mit fließendem Grubenwasser hat, so legt man in geringer Höhe über dem Wasser einen Boden von Brettern an; unter demselben strömt dann die Luft mit dem Wasser aus, über demselben frische Luft wieder ein.

Die Bewegung der Luft ist auf vielfache Weise im Leben benutzt, und man hat allerlei mechanische Mittel erfunden, um solche Bewegungen künstlich zu erzeugen. Dahin gehören besonders die sogenannten **Gebläse**, um durch Luftzug die Hitze des Feuers zu verstärken. Das gewöhnliche Gebläse besteht in dem einfachen **Blasebalg**, ein Instrument, dessen ganze Theorie darauf beruht, daß sein innerer Raum zu verengen und zu erweitern geht; erweitert sich der Raum, so wird die eingeschlossene Luft verdünnt, und es strömt durch ein Ventil, was sich nach innen öffnet, atmosphärische Luft zu; verengt man den Raum, so wird die Luft zusammengedrückt, das Ventil schließt sich, und die Luft strömt wieder zu einer Röhre aus. Auf ähnliche Art sind die sogenannten **Kastengebläse**, welche früher allgemein, in Schweden jetzt noch, auf Hüttenwerken bei den Hochöfen angewendet wurden, eingerichtet. Diese Kastengebläse sind in neuerer Zeit durch die **Cylindergebläse** verdrängt worden, bei welchen die Luft abwechselnd durch eine Wassersäule gesperrt und durch den Druck einer Wassersäule zum Ausströmen genöthigt wird. Letztere werden auf allen gut eingerichteten Hüttenwerken wegen der Gleichförmigkeit ihrer Wirkung jetzt angewendet.

Um die Lehre der Pneumatik in ihrer möglichsten Vollkommenheit zu erfassen, darf man die tiefsten und scharfsinnigsten Untersuchungen der höhern Mathematik nicht scheuen. Man findet Belehrungen darüber in den Werken der größten Mathematiker, Newton, Euler, le Grange, la Place u. s. w. — Die Wichtigkeit des Gegenstandes lohnt wohl einer tiefern Untersuchung, für die Gränzen dieser Schrift aber muß das Gesagte genügen.

Beschluß der Lehre von den luftförmigen Körpern.

Unter den Bewegungen in der Luft sind die Strömungen unserer Athmosphäre — die Winde — am nutzbarsten fürs Leben; sie leisten namentlich in zweierlei Richtung den Menschen wesentliche Dienste. Einmal, indem man sie zum Fortbewegen der Schiffe auf dem Wasser benutzt; das anderemal, wo sie Maschinen — Windmühlen — in Bewegung setzen müssen. Die erste Art der Benutzung gehört der Nautik oder Schiffahrtskunde an. Nur selten wird der Wind so benutzt, daß er senkrecht in die ausgespannten Segel bläst, vielmehr findet seine Wirkung immer in einer schrägen Richtung statt, und das Erhalten des Schiffes in der gewählten Direktion wird theils durch das Steuerruder, theils durch den Gegendruck des Wassers auf die große Seitenfläche des Schiffs bewirkt. Dieser Gegendruck ist aber meist nicht hinreichend, der Kraft des Windes zu widerstehen, sondern es findet ein Nachgeben statt, und aus diesem Grunde darf der Kiel des Schiffes oder seiner Axe beim Segeln mit nur etwas bedeutendem Winde nie genau in der Richtung gehalten werden, in welcher man fahren will, sondern das Schiff muß immer bald unter einem größern, bald unter einem kleinern Winkel gegen den Wind gestellt werden, so daß der Schwerpunkt des Schiffes, welcher nach der Mitte zu liegt, den eigentlichen wahren Weg beschreibt. Die Segel bilden, vermöge der Dehnbarkeit des Stoffes, aus dem sie bestehen, nie eine ebene, sondern eine gekrümmte Fläche, wodurch ein großer Theil derselben, besonders nach den Rändern zu, sich dem direkten Stoß des Windes entzieht. Dies macht ihren Gebrauch und die Stellung derselben gegen den Wind noch zusammengesetzter, und es gehört nicht zu den leichtesten Aufgaben, die Wirkung des Windes auf die Segel eines Schiffes wissenschaftlich festzustellen, mindestens übersteigt ihre Lösung die Gränzen dieses Werkes weit.

Bei Benutzung des Windes zur Bewegung von Maschinen in den Windmühlen wendet man sogenannte Flügel an, die bald mit dünnen Holzspließen ausgefüllt, bald mit Segeln von Leinewand versehen sind. Auch den Flügeln giebt man eine schräge Stellung gegen den Wind; da aber die Wirkung des Windes bei den verschiedenen Abständen vom Drehpunkte sehr verschieden ausfallen würde und zwar an den äußern Enden weit stärker, als näher am Drehpunkt, so krümmt man die Flügel und giebt dadurch den Theilen näher am Drehpunkt eine schrägere Stellung, als denen am Ende, so daß der Wind auf erstere mehr in senkrechter Richtung, also kräftiger stößt. Den vordern Enden giebt man eine entgegengesetze schräge Richtung, und man erlangt auf solche Weise eine ziemlich regelmäßige Wirkung des Windes auf die Flügel. Die Form der Flügel ist überhaupt mehr praktisch bestimmt, als theoretisch festgestellt, und man hat darüber schon seit früherer Zeit Erfahrungssätze gesammelt, nach denen noch immer fortgearbeitet wird.

Obgleich der Wind die Kraft ist, welche mit den wenigsten Kosten zur Bewegung von Maschinen benutzt werden kann, so macht doch seine Unregelmäßigkeit, von der bereits oben geredet worden, ihn für viele Fälle unanwendbar. Allgemein zieht man, wo es nur angeht, immer das Wasser dem Winde als bewegende Kraft vor, weil man die Wirkungen des erstern immer mehr in seiner Gewalt hat.

IV. Abschnitt der quantitativen Physik.

Die Lehre vom Schall.

Die Lehre vom Schall gehört zur Bewegungslehre; sie gründet sich auf die Lehren von festen und flüssigen Körpern, und was von den Gesetzen des Schalls bekannt ist, hat man durch die Beobachtung schallender fester Körper bisher erforscht. Man kann deshalb diese Betrachtungen als der Lehre von den festen und flüssigen Körpern gemeinschaftlich angehörend ansehen, und mit ihnen wollen wir die quantitative Physik beschließen.

Jedes Anschlagen an einen festen Körper erzeugt einen Schall, der um so stärker, lauter und anhaltender sich zeigt, je vollkommner die Elasticität des Körpers ist. Durch bloßes Streichen mit einem Violinbogen wird ebenfalls ein Schall erzeugt. Bei genauer Betrachtung bemerkt man eine Vibration (oscillirende oder zitternde Bewegung) des schallenden Körpers, welche mit dem Schall anfängt und mit ihm endigt, und es geht schon hieraus hervor, daß der Schall eines Körpers eigentlich durch seine Vibration erzeugt wird. Finden Vibrationen ohne Schall statt, so ist ihre Geschwindigkeit nicht groß genug, um einen vernehmbaren Schall zu erzeugen, auch kommt noch dazu, daß die Form der festen Körper, in so fern sie zur Erzeugung von schnellern Vibrationen schicklich ist, auch bedeutenden Einfluß auf die Erzeugung des Schalls ausüben wird. An einigen Körpern, wie z. B. an Saiten, lassen sich die Vibrationen sehr leicht, an andern nur durch Anwendung von künstlichen Mitteln beobachten.

Verschiedene Arten, den Schall zu erzeugen, geben an ein und demselben Körper auch einen unterschiedlichen Schall. So tönt ein Glasbecher anders, wenn man ihn anschlägt, als wenn man ihn streicht. Ebenso ändert sich der Schall, wenn man die Körper an verschiedenen Stellen schlägt, oder in verschiedenen Richtungen streicht. Besonders auffallend ist dieser Unterschied, wenn man Saiten, oder Stäbe in der Länge und in der Quere streicht. Chladni hat bewiesen, daß bei allen Körpern, wenn sie durch Streichen zum Schallen gebracht werden, gewisse Stellen sich finden, die in Ruhe bleiben, während alle andern Theile derselben zwischen diesen Ruhepunkten, die man Schwingungsknoten nennt, eine oscillirende Bewegung annehmen. Man kann diese Punkte auffinden, wenn man Glasplatten mit leichtem Staub bestreut und nun an einem Punkte mit einem Violinbogen streicht. An den Schwingungsknoten häuft sich der Staub an, während er von der schwingenden Stelle sich entfernt und die mannigfaltigsten Figuren bildet, welche man Klangfiguren nennt. Solche Knoten bilden sich auch bei schwingenden Saiten und Stäben, und man kann sie hier ebenfalls durch Versuche entdecken. — Berührt man einen Körper während der Vibration an einer oscillirenden Stelle, so entsteht eine Veränderung des Schalls; geschieht die Berührung in einem Schwingungsknoten, so ändert dies nichts.

Wenn die Schwingungen, welche ein Körper macht, durchaus von gleicher Geschwindigkeit, also sehr regulair sind, so nennt man den Schall einen Ton, im Gegensatz von Geräusch, Getöse, Knall ꝛc. — Sobald die Schwingungen sehr schnell sind, entsteht ein hoher, sind sie aber langsam, ein tiefer Ton. Nach Euler müssen die tiefsten noch hörbaren Töne 20 bis 30 Schwingungen in der Secunde, die höchsten hörbaren 4000 bis 7520 Schwingungen machen.

Die Kenntniß der verschiedenen Töne, ihre Erzeugung, Verbindung ꝛc. machen die Theorie der Musik aus.

Auch die elastischen Flüssigkeiten, besonders die athmosphärische Luft, erzeugen durch ihre Schwingungen Töne. Die Schwingungen in der Luft können bald durch feste Körper, wie z. B. bei einem Peitschenknalle, bald durch die Luft selbst in festen Körpern eingeschlossen, wie z. B. bei allen Blasinstrumenten, erzeugt werden; öfter auch durch plötzliche Entwickelung neuer Luftarten, wie bei der Pulverexplosion. Die Luft geräth dabei in eine oscillirende Bewegung, und es entstehen die sogenannten Schallwellen. Es ist mehr, als wahrscheinlich, daß sich auch in der Luft Schwingungsknoten bilden, besonders scheint darauf die Veränderung der Töne bei den Flöten 2c. durch Oeffnen und Verschließen der Löcher zu beruhen.

Andere Luftarten, als die athmosphärische, erzeugen ebenfalls Schall, aber die Töne sind in verschiedenen Luftarten sehr von einander abweichend; in Wasserstoffgas sind sie am höchsten.

Daß zur Fortpflanzung des Schalls durchaus Luft erforderlich, zeigen Versuche im luftleeren Raume, wo der Schall einer Glocke kaum hörbar, da hingegen in verdichteter Luft weit stärker, als in freier ist. Man bemerkt selbst einen Unterschied im Schall, wenn man in Thälern, oder auf hohen Bergen sich befindet. Mit der Entfernung nimmt der Schall ebenfalls ab, und zwar scheint seine Stärke im verkehrten Verhältniß mit dem Quadrate der Entfernung zu stehen.

Die Geschwindigkeit des Schalls ist nach vielfachen Erfahrungen ganz unabhängig von der Geschwindigkeit der Schwingung, d. h. hohe und tiefe Töne verbreiten sich gleich schnell, doch übt die Wärme einen bedeutenden Einfluß darauf aus.

Genauere Versuche haben ergeben, daß bei einer Lufttemperatur von 0 Grad der Schall 1027 Pariser Fuß, bei 10 Grad Wärme 1051 und bei 20 Grad 1074 Fuß sich fortpflanzt, und daß der Stand des Barometers durchaus keinen Einfluß äußert, während der Stand des Hygrometers — Feuchtigkeitsmessers — Veränderungen bewirkt.

Allgemein kann man annehmen, daß der Schall in einer Secunde 1031, 9 bis 1080 Pariser Fuß durchläuft, und man erhält dadurch ein Mittel, Entfernungen mittelst einer Secundenuhr ziemlich genau zu bestimmen. Kanonenschüsse sind für solche Messungen besonders geeignet, indem man den Blitz der entzündeten Ladung, wie man bei der außerordentlich schnellen

Bewegung des Lichts annehmen kann, auf ziemlich beträchtliche Entfernungen in dem Augenblick seines Entstehens sieht. Beobachtet man nun die Zeit, die zwischen dem Blitz und dem Hören des Knalls vergeht, so hat man nur nöthig, diese mit dem Wege, welchen der Schall in einer Secunde macht, zu multipliciren, um die Entfernung zu wissen. Unter günstigen Umständen und bei großer Stille der Luft kann man den Schall außerordentlich weit hören; in den Polargegenden soll man bei kalter Luft die menschliche Stimme auf 7000 Fuß noch verstehen. Kanonenschüsse soll man in einzelnen Fällen 30 und mehr Meilen gehört haben u. s. w.

Man benutzt sehr häufig die Gesetze des freien Falls, um die Tiefe von Schachten oder Brunnen zn messen, indem man schwere Körper hineinwirft und die Zeit beobachtet, welche vergeht, bis man den Körper auf den Boden oder im Wasser aufschlagen hört und dann mittelst der früher angegebenen Gesetze die Tiefe berechnet. Will man hierbei genau verfahren, so muß man auch die Zeit in Anschlag bringen, welche der Schall braucht, um von dem Boden der Tiefe bis zum Ohr des Beobachters zu gelangen und diese von der beobachteten Zeit abziehen, um die wahre Fallzeit zu erlangen. Die Berechnung wird dadurch allerdings etwas zusammengesetzter, aber man erhält genauere Resultate.

Nicht die elastischen Flüssigkeiten allein, sondern auch die tropfbaren Flüssigkeiten und die festen Körper pflanzen den Schall fort, und zwar meist stärker, als die athmosphärische Luft. Beim Wasser ist es bekannt, daß die Taucher unter demselben sehr gut hören, und nach Versuchen leitet das Wasser den Schall 6 mal, der Weingeist 7 mal besser, als die Luft. Bei festen Körpern leiten die Holzarten den Schall am besten, und zwar zeigt sich Tannenholz als stärkster Leiter. Auf das Holz folgen die Metalle, und zwar ziemlich in der Reihe, welche durch ihre Elasticität festgestellt ist, und endlich die Schnüre, von denen baumwollene den Schall am schlechtesten leiten. Es ist namentlich des Nachts ein gutes praktisches Mittel, den Schall besser zu hören, wenn man sich mit dem Ohr auf die Erde legt, weil die festen Theile des Bodens ihn besser leiten, und man ist auf diese Art im Stande, Pferdegetrappel, Geräusch von Fahrzeugen rc. auf sehr große Entfernungen deutlich zu vernehmen.

Ob der Schall sich geradlinicht oder in krummen Linien fortpflanze, ist sehr schwer durch Versuche zu entscheiden. Die Erscheinung, daß der Schall, wenn er auf eine feste widerstehende Fläche trifft, nach dem Gesetze des Stoßes elastischer Körper zurückgeworfen wird, scheint für die geradlinichte Bewegung zu sprechen. Auf dieses Zurückwerfen des Schalles begründet sich die Anfertigung vieler akustischen Werkzeuge, wie des Sprachrohrs, des Hörrohrs; ferner die Erbauung akustischer Gewölbe, meist in Form einer Ellipse, oder eines Theils derselben, so daß alle reflektirte Schallstrahlen sich im Brennpunkte vereinen. Endlich wird auch das Echo durch zurückgeworfene Schallstrahlen erzeugt, doch ist die Theorie dieser Erscheinung noch sehr dunkel.

Somit wären die Lehren der quantitativen Physik, oder der Physik der wägbaren Stoffe beschlossen. Es wird begreiflich sein, daß hier meist nur Andeutungen gegeben werden konnten, weil die Gränzen des Werkes und seine Bestimmung eine vollständigere Ausführung nicht erlaubten. Letztere setzt übrigens tiefe Kenntnisse in der höhern Mathematik voraus, die nicht von Jedem zu erringen. Was für das praktische Wirken des Militairs jeder Waffengattung nutzbar, wird bestimmt aus den vorgetragenen Lehren zu schöpfen sein, und bei aufmerksamen Studium derselben wird es nicht schwer werden, überall die Anwendung, die wir, um den Weg zu zeigen, auch an manchen Stellen angedeutet haben, zu finden.

Nachstehende Druckfehler sind als besonders störend verbessern.

Seite 14	Zeile 14	von unten,	statt	Mein	lies Wenn ein
— 41	— 12	— —	—	Erbe	lies Erde
— 43	— 7	— —	—	aus dem	lies auf der
— 43	— 6	— —	—	Kolle	lies Rolle
— 44	— 15	von oben,	statt	FD	lies CD
— 65	— 4	— —	—	Milchfaß	lies Mischfaß
— 73	— 4	— —	—	Ueberlegung	lies Unterlegung
— 161	— 9	— —	—	abnehme	lies abnimmt

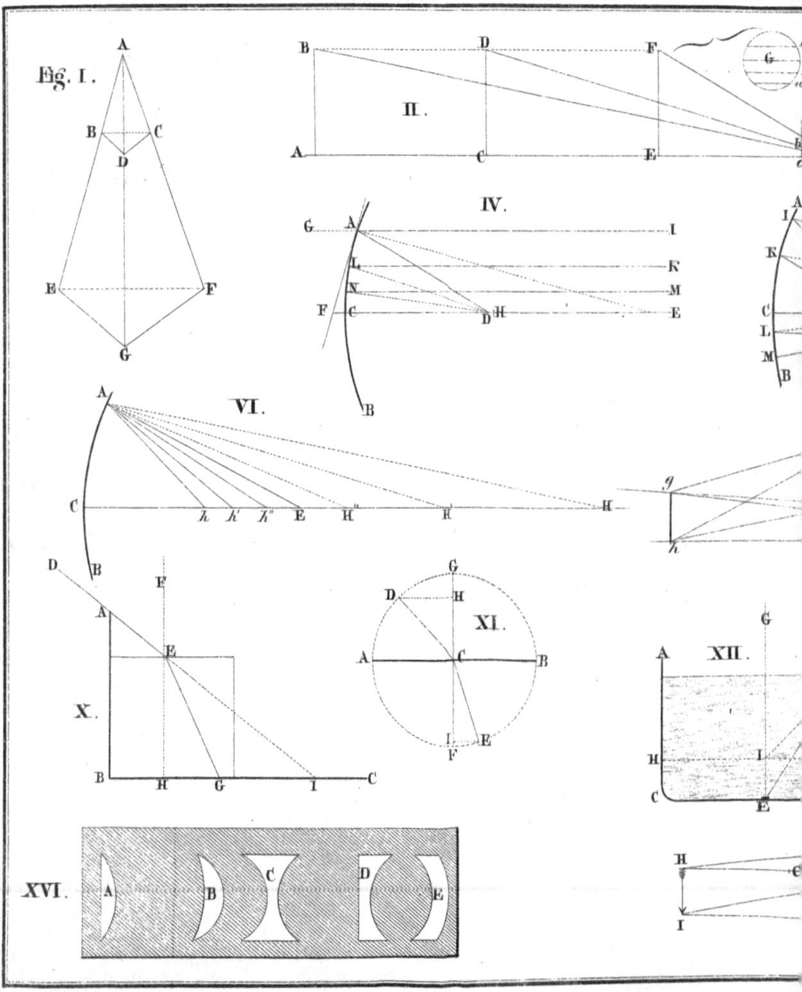

Fig. I.
II.
IV.
VI.
X.
XI.
XII.
XVI.

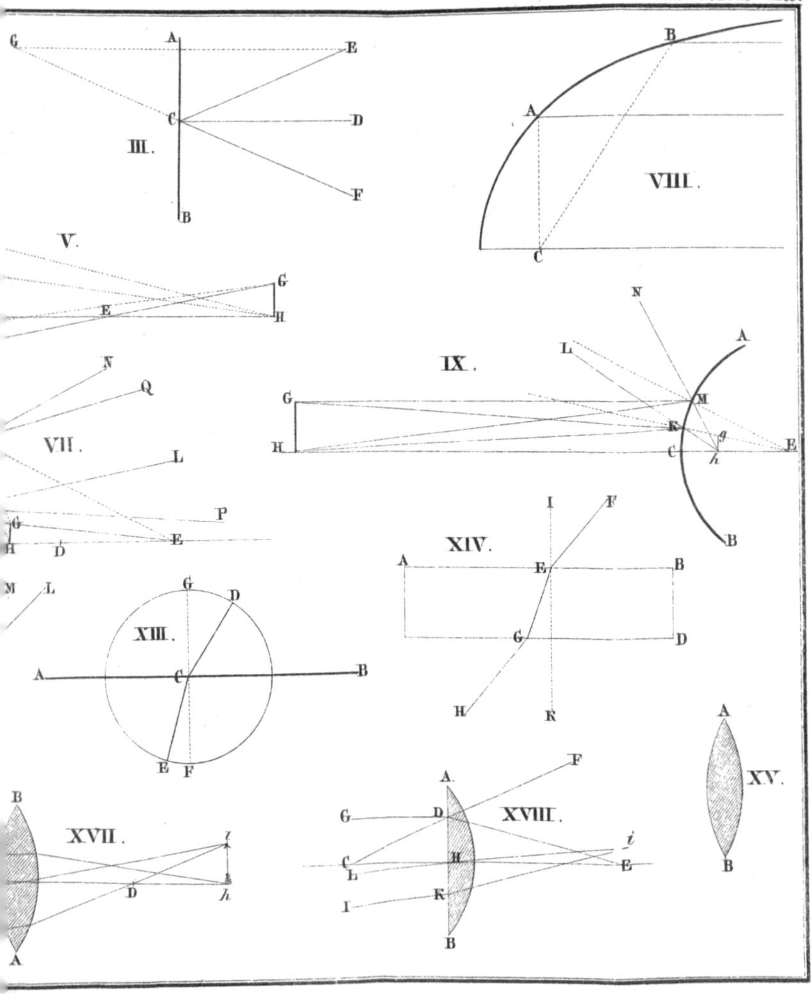
III.
VIII.
V.
IX.
VII.
XIV.
XIII.
XV.
XVII.
XVIII.

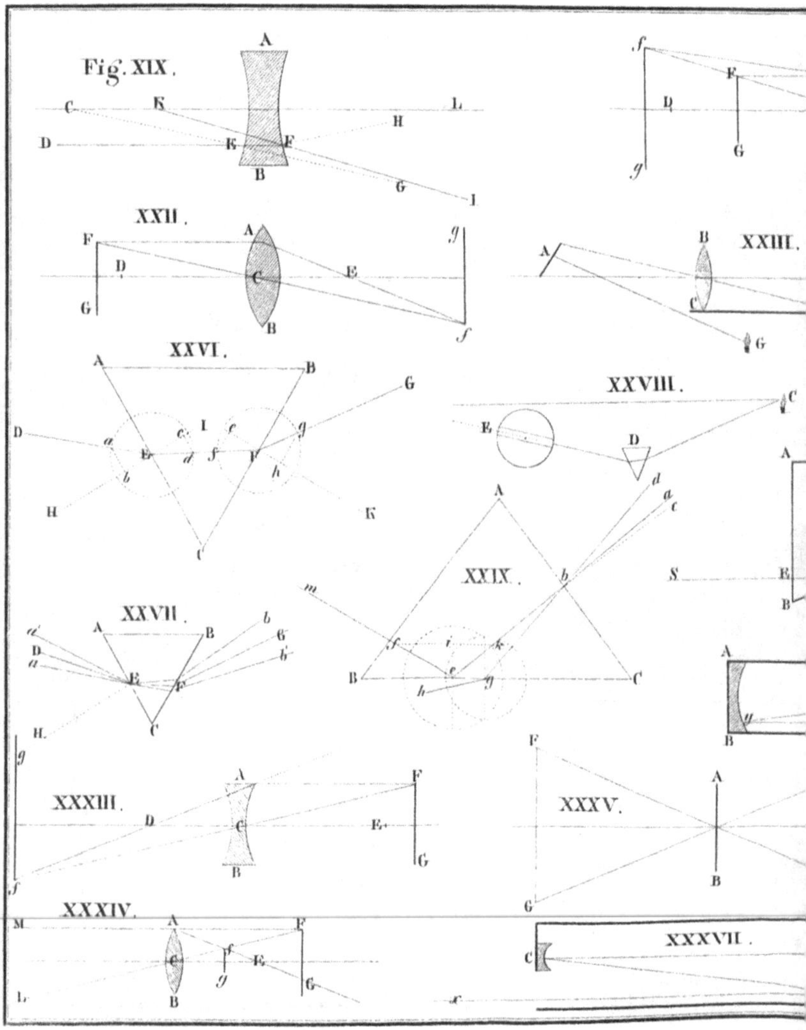
Fig. XIX.
XXII.
XXIII.
XXVI.
XXVIII.
XXIX.
XXVII.
XXXIII.
XXXV.
XXXIV.
XXXVII.

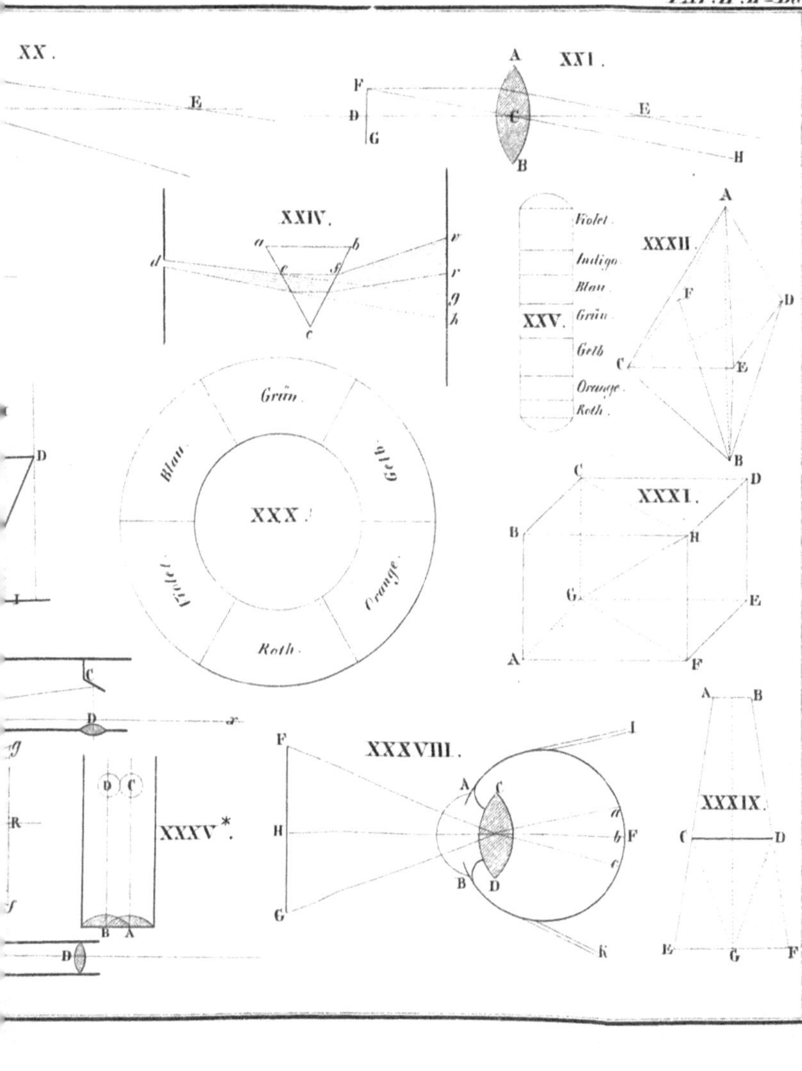
XX.
XXI.
XXIV.
XXV.
Violet
Indigo
Blau
Grün
Gelb
Orange
Roth
XXXII.
XXX.
Grün
Gelb
Orange
Roth
Violet
Blau
XXXI.
XXXV*.
XXXVIII.
XXXIX.

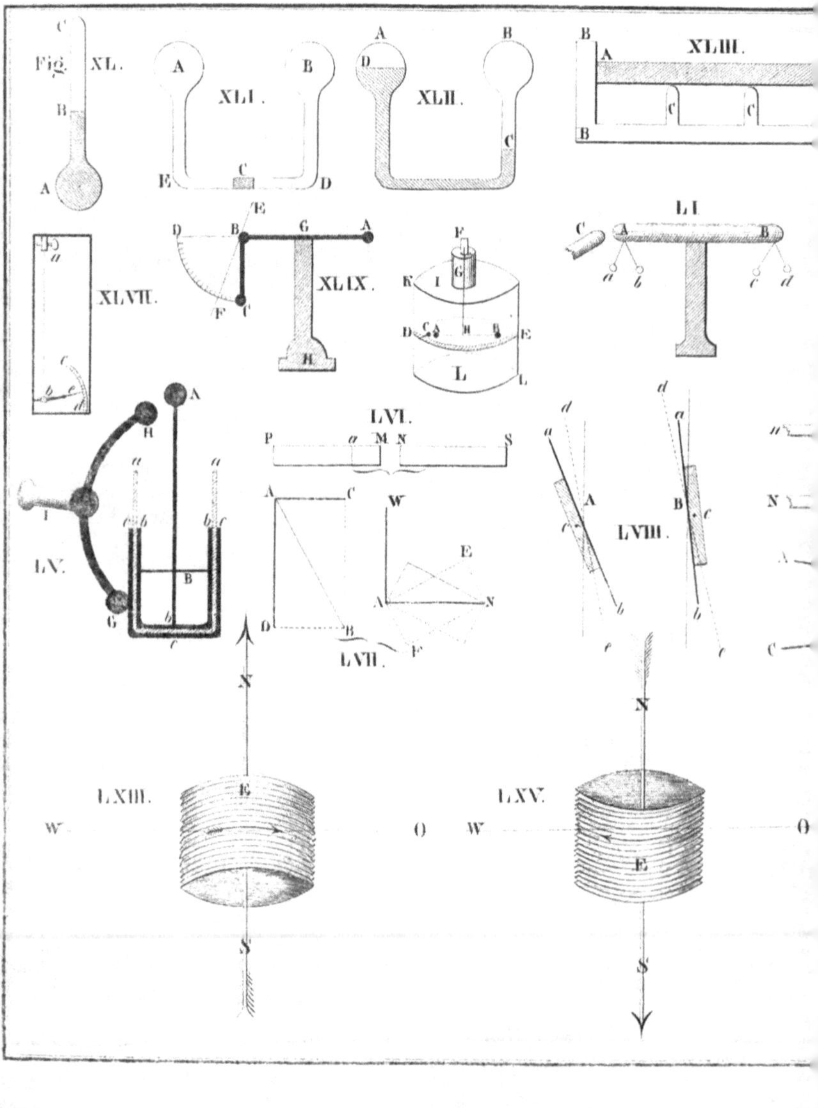
Fig. XL.
XLI.
XLII.
XLIII.
XLVII.
XLIX.
LI.
LV.
LVI.
LVII.
LVIII.
LXIII.
LXV.

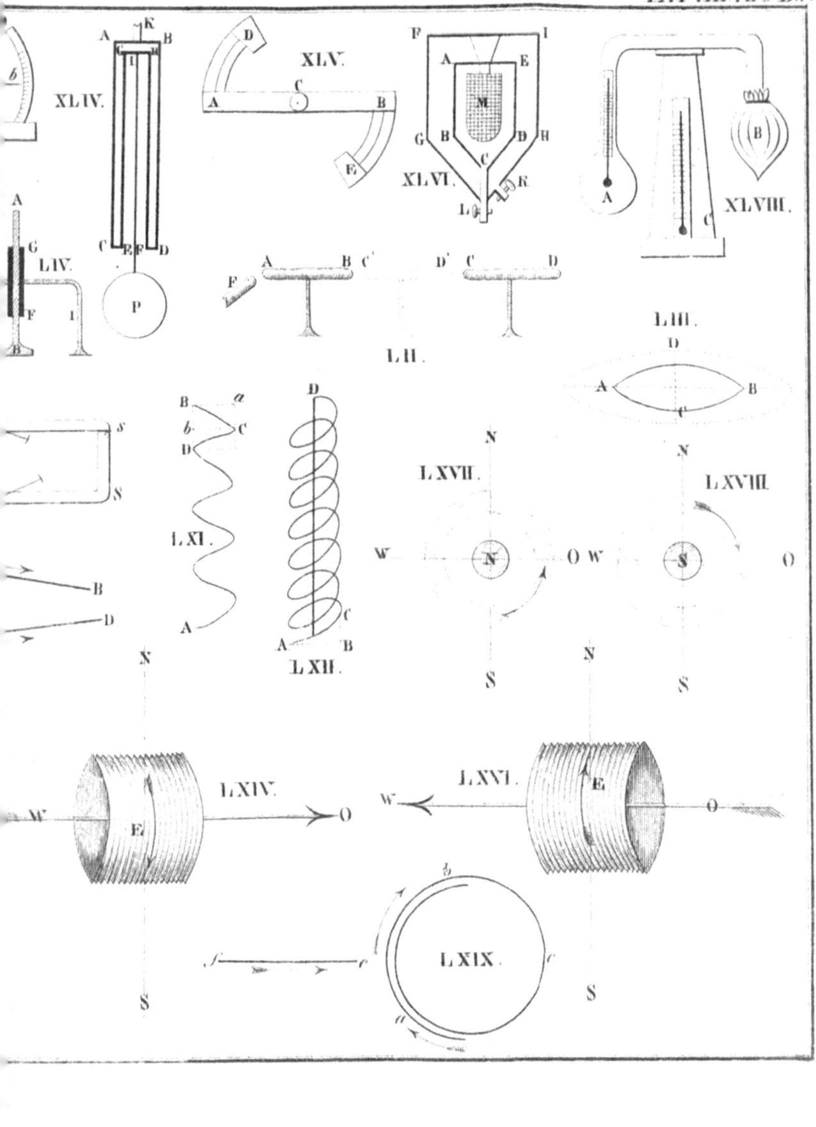
XLIV.
XLV.
XLVI.
XLVIII.
LIV.
LII.
LIII.
LXI.
LXII.
LXVII.
LXVIII.
LXIV.
LXVI.
LXIX.

MIX
Papier | Fördert
gute Waldnutzung
FSC® C083411

Zeitfracht Medien GmbH
Ferdinand-Jühlke-Straße 7
99095 Erfurt, Deutschland
produktsicherheit@kolibri360.de